山东省小麦、玉米
主要气象灾害时空演变图集

（1981—2050 年）

李 楠等 著

气象出版社
China Meteorological Press

内容简介

本图集利用 1981—2020 年地面气象观测资料及 2021—2050 年 RCP4.5 及 RCP8.5 两种情景模拟资料，基于 GIS 技术，分析了小麦倒春寒、小麦干热风、玉米高温热害、玉米干旱 4 种主要农业气象灾害的时空分布，给出了不同种植区域气象灾害的年际变化图。本图集除给出大量的直观图外，还配有文字说明，有利于了解 4 种灾害的历史演变及未来发展趋势。

本图集可供气象、农业等领域的科研人员使用，也可为防灾减灾、防御规划等部门决策参阅。

图书在版编目(CIP)数据

山东省小麦、玉米主要气象灾害时空演变图集：
1981—2050 年 / 李楠等著. — 北京：气象出版社，
2020.12

ISBN 978-7-5029-7346-9

Ⅰ.①山… Ⅱ.①李… Ⅲ.①小麦-气象灾害-时空
演变-山东-1981—2050-图集②玉米-气象灾害-时空
演变-山东-1981—2050-图集 Ⅳ.①S164.252-64

中国版本图书馆 CIP 数据核字(2020)第 245981 号

山东省小麦、玉米主要气象灾害时空演变图集(1981—2050 年)
Shandong Sheng Xiaomai、Yumi Zhuyao Qixiang Zaihai Shikong Yanbian Tuji(1981—2050 Nian)

出版发行：气象出版社

地　　址：北京市海淀区中关村南大街 46 号	邮政编码：100081
电　　话：010-68407112(总编室)　010-68408042(发行部)	
网　　址：http://www.qxcbs.com	E-mail：qxcbs@cma.gov.cn
责任编辑：张　媛	终　　审：吴晓鹏
责任校对：张硕杰	责任技编：赵相宁
封面设计：楠竹文化	
印　　刷：三河市君旺印务有限公司	
开　　本：787 mm×1092 mm　1/16	印　　张：13.75
字　　数：345 千字	
版　　次：2020 年 12 月第 1 版	印　　次：2020 年 12 月第 1 次印刷
定　　价：110.00 元	

本书编写组

组　　长：李　楠

副组长：薛晓萍　赵　红

成　　员(以姓氏拼音为序)：陈　辰　董智强　王　昊　张继波

绘　　图：李　楠　孙　肖

作者单位：山东省气候中心

前　言

　　山东省是我国小麦、玉米主产区之一,在粮食生产中占有举足轻重的地位。近年来,随着全球气候变化,各类气象灾害频发,其中小麦干热风、小麦倒春寒、玉米高温热害、玉米干旱等主要农业气象灾害,已经成为粮食产业可持续发展的重要制约因素之一。

　　本书为国家重点研发计划项目"黄淮海东部小麦－玉米周年光温水肥资源优化配置均衡丰产增效关键技术研究与模式构建"子课题"小麦玉米气象灾害综合监测与预警平台建设"(编号:2017YFD0301004)研究成果,利用1981—2020年地面气象观测资料统计分析近40年黄淮海东部地区小麦、玉米主要气象灾害发生次数、频率及空间分布规律。基于2021—2050年RCP4.5和RCP8.5两种情景模拟资料,在ArcGIS平台下采用Kriging插值方法,绘制了小麦倒春寒和干热风、玉米高温热害和干旱4种主要农业气象灾害的时空分布图,分析未来30年灾害可能发生的变化规律。同时,还提供了不同种植区域气象灾害年际时空变化图等。这些研究成果有利于了解4种灾害的历史演变及未来发展趋势,为防灾减灾提供决策依据。

　　本书由李楠主编,各参编者如下:4种农业气象灾害指标确定由李楠、薛晓萍、陈辰、张继波完成;历史气象数据处理由李楠、赵红完成;未来气候情景数据处理由李楠、董智强、陈辰完成;基于ArcGIS下的气象灾害插值分析由李楠、孙肖完成;绘图由李楠、孙肖完成;统稿由李楠完成。

　　本书编著过程中,得到了山东省气候中心的大力支持,以及山东省农业技术推广总站鞠正春研究员、中国气象局气象干部培训学院杨霏云和崔晓军的指导,在此表示最诚挚的感谢。本书的编制出版,期望能得到各界读者的支持和帮助,书中的不足和疏漏之处,欢迎广大读者批评指正。

作者

2020 年 9 月

目　录

编制说明

第一节　数据来源

本图集制作所用数据资料来源主要包括：

灾害历史出现时空分布所用地面气象观测资料来源于山东省气象信息中心，选用 1981 年 1 月—2020 年 7 月山东省 122 个地面观测站点（不含泰山站）观测资料序列。

灾害指标订正所用灾害出现资料来源于山东省 19 个农业气象基本观测站 1981—2016 年农业气象观测薄及民政部门的新灾情况。

灾害未来发展趋势时间分布所用气候变化情景资料来源于国家气候中心，基于再分析资料驱动 RegCM4.4 下大量试验的对比分析，选择了对中国区域有较好模拟效果的参数化组合：辐射采用 CCM3 方案，行星边界层使用 Holtslag 方案，大尺度降水采用 SUBEX 方案，积云对流选择 Emanuel 方案，陆面使用 CLM3.5 方案。变量包括：平均气温、最高气温、最低气温、降水、地表入射太阳辐射、平均风速、最大风速、地表空气湿度、地表气压。

山东省地理信息数据来源于国际科学数据服务平台 http://srtm.datamirror.csdb.cn/，运用 ArcGIS 提取山东经度、纬度、海拔高度等资料。

第二节　灾害等级指标

一、小麦干热风

出现时段为 5 月 11—31 日，本图集是在行业标准《小麦干热风灾害等级》（QX/T 82—2019）规定的华北、黄淮冬麦区高温低湿型干热风等级指标基础上，利用前 10 日或前 30 日降水量替换 20 cm 土壤相对湿度指标项，干热风等级指标见表 1，降水量与 20 cm 土壤相对湿度指标转换见表 2。

表 1　小麦干热风等级指标划分表

20 cm 土壤相对湿度（%）	轻度			中度			重度		
	日最高气温（℃）	14 时空气相对湿度（%）	14 时风速（m/s）	日最高气温（℃）	14 时空气相对湿度（%）	14 时风速（m/s）	日最高气温（℃）	14 时空气相对湿度（%）	14 时风速（m/s）
＜60	≥31	≤30	≥3	≥32	≤25	≥3	≥35	≤25	≥3
≥60	≥33	≤30	≥3	≥35	≤25	≥3	≥36	≤25	≥3

表 2　降水量与 20 cm 土壤相对湿度转换对照表

20 cm 土壤相对湿度 (%)	前 10 日或前 30 日降水量 (mm)
<60	<5 或<20
≥60	≥5 或≥20

二、小麦倒春寒

出现时段为 3 月 21 日—4 月 20 日,等级指标见表 3。

表 3　小麦倒春寒等级指标划分表

等级	最大降温幅度 ΔT(℃)	气温距平 δT(℃)	地表温度(℃)
轻	$8<\Delta T_{24}\leqslant 10$ 或 $10<\Delta T_{48}\leqslant 12$	$-5\leqslant\delta T<-1$	<0
重	$10<\Delta T_{24}$ 或 $12<\Delta T_{48}$	$\delta T<-5$	<0

注:最大降温幅度 ΔT 是指倒春寒出现到结束这段时间内最低气温的 24 h 下降幅度(ΔT_{24})或 48 h 下降幅度(ΔT_{48}),气温距平 δT 是指倒春寒出现到结束这段时间平均气温的距平值(单位:℃)。

三、夏玉米花期高温

出现时段为 7 月 21 日—8 月 10 日,等级指标见表 4。

表 4　玉米花粒期高温热害等级指标划分表

等级	指标	持续时间
轻	$T_{max}\geqslant 30$ ℃,$H\leqslant 60\%$	1 d
重	$T_{max}\geqslant 35$ ℃	3 d 以上

注:T_{max} 为日最高气温,H 为空气相对湿度。

四、夏玉米干旱

出现时段为 7 月 11 日—8 月 31 日(灌浆期、大喇叭口期),等级指标见表 5。

表 5　玉米关键发育期干旱等级指标划分表

等级	降水量距平指数(%)
轻旱	$-60<P_a\leqslant -40$
中旱	$-80<P_a\leqslant -60$
重旱	$P_a\geqslant -80$

注 1:2021—2050 年计算距平的常年值用 1991—2020 年资料。

注 2:P_a 为近 30 d 降水量距平百分率(单位:%)。

第三节　资料处理

一、农业气候资源评估

(一)数据内容

1989—2019年,山东省122个站年平均气温、平均年积温、年平均累积降水量、年平均累积日照时数。

(二)农业气候区划指标

1. 冬小麦

(1)全生育期日平均气温≥10 ℃积温(10月1日至次年6月20日;2019年冬小麦全生育期指2019年10月1日—2020年6月20日,下同);

(2)日平均温度≥0 ℃积温(10月1日—12月10日);

(3)负积温(12月1日—2月28/29日);

(4)日平均温度稳定通过3℃初日日期的日序数(1月1日为1,1月2日为2,以此类推);

(5)日平均温度≤0 ℃天数(3月20日—4月30日);

(6)灌浆期(5月11日—6月5日)干热风日数;

(7)全生育期降水(10月10日至次年6月10日,半岛地区10月1日至次年6月20日,指青岛、烟台、威海)。

2. 夏玉米

(1)全生育期日平均气温≥10 ℃积温(6月1日—10月10日);

(2)全生育期平均总降水量(6月1日—10月10日);

(3)抽穗期平均总降水量(8月5日—8月31日);

(4)8月日照时数。

二、气候变化情景模拟数据

(一)区域气候模式 RegCM4 简介

RegCM 系列模式垂直方向采用 sigma 坐标,水平采用 Arakawa B 网格差分方案,模式侧边界采用指数张弛时变边界方案。模式已经发展到了第四版本 RegCM4,与 RegCM3 比较,RegCM4 的模式构架改动较大,模式代码基于 Fortran2003 标准重新编写,有二维剖分、并行输出等功能,具有较好的并行效率和可扩展性[1-5]。物理过程方面也有大量调整和改进,扩大了更多的物理参数化方案选择,其中行星边界层包括 Holtslag 和 UW 方案等,积云对流包括 Grell 方案、Emanuel 方案和 Tie dtke 方案等,陆面过程包括 BATS 和 CLM 方案等。模式支持多种数据作为侧边界强迫,包括不同的再分析数据,以及多套 CMIP5 全球模式结果等。根据不同应用,区域气候模式分辨率灵活可变,常用分辨率为50 km、25 km 等[1,6-9]。

(二)RegCM4 在中国区域的调试、评估和气候变化预估应用

基于再分析资料驱动 RegCM4.4 下大量试验的对比分析,选择了对中国区域有较好模拟效果的参数化组合:辐射采用 CCM3 方案,行星边界层使用 Holtslag 方案,大尺度降水采用

SUBEX 方案,积云对流选择 Emanuel 方案,陆面使用 CLM3.5 方案。试验使用的土地覆盖资料在中国区域内基于中国 1∶100 万植被图得到[6,10]。该版本已经被应用在 COR DEX-East Asia(区域气候模式降尺度协同试验－东亚区域)第二阶段的系列试验,包括历史模拟评估和未来气候变化预估等[7-9,11]。

(三)RegCM4.0 气候变化预估试验设计和输出数据

模拟试验采用 RegCM4.0,模拟的区域覆盖了整个中国大陆及周边地区,模式水平分辨率为 50 km,垂直方向为 18 层,模拟时段为 1950—2099 年,驱动区域气候模式的初始场和侧边界值由 bcc-csm1.1 全球气候模式的逐 6 h 输出提供,模拟试验中采用的温室气体排放方案是中等温室气体排放情景 RCP4.5(Representative Concentration Pathway 4.5)和高排放情景 RCP8.5[3]。

为方便分析和使用,将 RegCM4.0 模拟出的逐日气象要素结果,使用双线性插值,插到 2000 多个国家站。变量包括:平均气温、最高气温、最低气温、降水、地表入射太阳辐射、平均风速、最大风速、地表空气湿度、地表气压。

三、小麦玉米发育期推算

(一)数据内容

根据前述 4 种灾害指标,统计 1981—2020 年和 2021—2050 年每年、每站、每个灾害等级出现的天数。

说明:干热风 2021—2050 年 14 时相对湿度用地表空气湿度,14 时风速用最大风速代替。

空气相对湿度＝地表空气湿度/空气饱和比湿

$$空气饱和比湿 \ q_i = \frac{0.622 \times 6.11 \exp\left[\frac{a(T-273.16)}{T-b}\right]}{p - 0.378 \times 6.11 \exp\left[\frac{a(T-273.16)}{T-b}\right]}$$

$a=17.26, b=35.86, T$ 为温度,用 K 氏温度表示,即为数据中的原值。

(二)各发育期积温指标

计算近 10 年(2011—2020 年)小麦、玉米各发育期平均开始日期和结束日期;以得到的平均开始及结束日期为统计范围,计算 1981—2020 年每一个发育期日平均气温≥0 ℃的积温平均值。

(三)小麦播种(玉米收获最晚)时间

计算 2021—2050 年稳定通过 18 ℃终日、冬前壮苗积温(稳定通过 0 ℃的终日向前推算,≥0 ℃积温 620 ℃·d 的日期)、旺苗积温(稳定通过 0 ℃的终日向前推算,≥0 ℃积温 750 ℃·d 的日期),计算得到的三个日期,以中间一个日期作为播种期。

(四)小麦、玉米各发育期日期

以(三)中得到的小麦播种期为起始,利用(二)中得到的各发育期平均积温,推算 2021—2050 年小麦、玉米各发育期日期。

第一章　基本概况

第一节　山东省气候特征

山东地处东亚中纬度,属于暖温带季风气候,四季分明。春季天气多变,多风少雨;夏季盛行偏南风,炎热多雨;秋季天气清爽,冷暖适中;冬季多偏北风,寒冷干燥。

山东省年平均气温为 13.4 ℃,自鲁南西部向半岛地区逐渐降低,鲁西北局部、鲁中部分和半岛部分地区在 13.0 ℃ 以下,其中半岛部分地区在 12.0 ℃ 以下;鲁中部分和鲁南部分地区在 14.0 ℃ 以上,其他地区在 13.0~14.0 ℃。1961 年以来,山东省年平均气温呈明显上升趋势。气温年较差全省自西北向东南呈递减分布,各地在 24.1~30.2 ℃。鲁中局部和鲁西北大部在 29.0 ℃ 以上;半岛局部和鲁南局部在 27.0 ℃ 以下,其他地区在 27.0~29.0 ℃。

日极端最高气温各地差异较大,内陆地区炎热,最高为 43.7 ℃,半岛地区凉爽,最低为 33.5 ℃。半岛大部和鲁南局部地区在 40.0 ℃ 以下,其中半岛部分地区在 38.0 ℃ 以下;鲁中部分、鲁南部分和鲁西北局部地区在 42.0 ℃ 以上,其中鲁南局部在 43.0 ℃ 以上;其他地区在 40.0~42.0 ℃。

日极端最低气温各地差异较大,鲁中部分、鲁西北部分和鲁南局部地区在 −24.0 ℃ 以下;半岛部分、鲁南部分、鲁西北局部和鲁中局部地区在 −18.0 ℃ 以上;其他地区在 −24.0~ −18.0 ℃。

山东省年平均降水量为 641.2 mm,呈自东南向西北减少分布,各地在 486.7 mm(武城)~867.7 mm(郯城)。鲁西北部分地区在 550.0 mm 以下;鲁南部分和半岛局部地区在 750.0 mm 以上;其他地区在 550.0~750.0 mm。各市平均年降水量在 532.4 mm(德州市)~797.0 mm(临沂市)。

山东省年平均降水日数为 73.2 d,呈自东南向西北减少分布,各地在 61.5 d(庆云)~90.2 d(文登)。鲁西北部分地区在 65.0 d 以下;鲁南大部、鲁中部分和半岛部分地区在 75.0 d 以上;其他地区在 65.0~75.0 d。

年降水量处于"一平一高"状态。1961 年以来,山东省年降水量滑动平均值保持持平状态,气候变率呈升高趋势,容易导致干旱、暴雨洪涝等极端天气气候事件出现。

山东省年平均日照时数为 2387.7 h,各地在 1930.4 h(成武)~2781.9 h(龙口),自西南向东北增多。鲁中局部、鲁西北大部和半岛大部分地区在 2500.0 h 以上;鲁西北局部、鲁中部分和鲁南大部地区在 2300.0 h 以下;其他地区在 2300.0~2500.0 h。

山东省年平均日照百分率为 53%,各地在 43%(成武)~62%(利津、蓬莱、龙口),自西南向东北增多。鲁西北大部和半岛大部分地区在 55% 以上;鲁南部分、鲁西北局部和鲁中局部地区在 50% 以下;其他地区在 50%~55%。

山东省气象灾害种类多,按照出现频率高低和危害的严重性,依次为暴雨洪涝、强对流(雷电、雷暴大风和冰雹)、雾霾、寒潮与低温冷害、大风、热带气旋、雪灾、高温、干旱和干热风等,是我国气象灾害最严重的省份之一,气象灾害损失占所有自然灾害总损失的 90% 以上,每年因气象灾害造成的经济损失占当年国内生产总值(Gross Domestic Product,GDP)的 1% ～3%,已经成为影响经济发展和社会安定的重要因素之一。

第二节　冬小麦和夏玉米作物生态区

山东省冬小麦生态区:分别为半岛丘陵晚熟小麦类型区(包括半岛东南部丘陵冬性特晚熟亚区、胶东丘陵冬性晚熟类型区),鲁西北中、晚熟小麦类型区(包括鲁西北平原冬性半冬性中熟类型区、鲁西北滨海平洼盐碱冬性晚熟亚区),鲁中山、丘、川中熟小麦类型区,鲁南早中熟小麦类型区(包括鲁南西部平原湖洼半冬性早熟类型区、鲁南山前平洼丘半冬性早中熟亚区)4 个大区 7 个亚区(图 1-1)。

夏玉米生态区:分别为半岛玉米区(包括胶东半岛玉米区、半岛东南部早熟玉米亚区)、鲁中山地丘陵玉米区、鲁西北平原玉米区及鲁南西部平原玉米区 4 个大区 5 个亚区(图 1-2)。

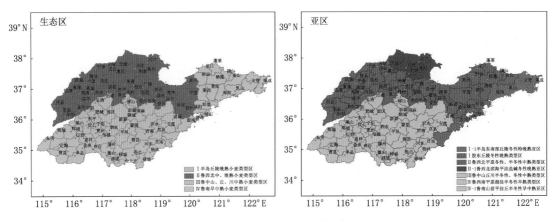

图 1-1　山东省冬小麦生态区划图

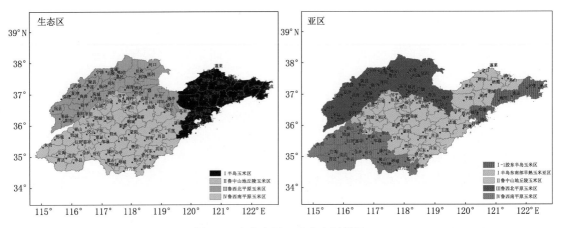

图 1-2　山东省夏玉米生态区划图

第二章 农业气候资源

第一节 冬小麦农业气候区划

(一)全生育期日平均气温≥10 ℃积温

1989—2019 年冬小麦全生育期日平均气温≥10 ℃积温(10 月 1 日至次年 6 月 20 日,2019 年冬小麦全生育期指 2019 年 10 月 1 日—2020 年 6 月 20 日)呈现自西向东逐步减小的趋势。鲁西北中、晚熟小麦类型区东部和北部在 1900～2100 ℃·d,西南局部在 2300～2900 ℃·d,其他地区在 2100～2300 ℃·d;半岛丘陵晚熟小麦类型区中东部在 1500～1900 ℃·d,其他地区在 1900～2100 ℃·d;鲁中山、丘、川中熟小麦类型区东部在 1900～2100 ℃·d,北部地区在 2300～2600 ℃·d,其他地区在 2100～2300 ℃·d;鲁南早中熟小麦类型区在 2100～2600 ℃·d(图 2-1)。

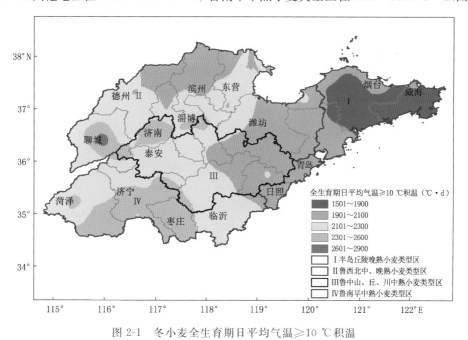

图 2-1 冬小麦全生育期日平均气温≥10 ℃积温

(二)越冬前日平均气温≥0 ℃积温

1989—2019 年冬小麦越冬前日平均气温≥0 ℃积温(10 月 1 日—12 月 10 日)呈现自南向北逐步减少的趋势。鲁西北中、晚熟小麦类型区大部地区在 600～800 ℃·d;半岛丘陵晚熟小麦类型区东部及南部在 900～1000 ℃·d,西部在 800～900 ℃·d;鲁中山、丘、川中熟小麦类型区北部在 700～800 ℃·d,其他大部地区在 800～1000 ℃·d;鲁南早中熟小麦类型区东部在

1000~1100 ℃·d,西部地区主要在 900~1000 ℃·d(图 2-2)。

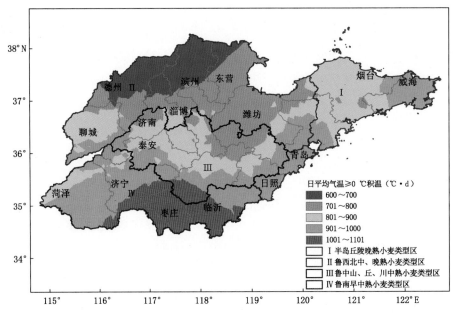

图 2-2　冬小麦越冬前日平均气温≥0 ℃积温

(三)冬季负积温

冬小麦冬季负积温(12 月至次年 2 月,2019 年冬季为 2019 年 12 月—2020 年 2 月)呈现自南向北逐步增大的趋势。鲁西北中、晚熟小麦类型区和半岛丘陵晚熟小麦类型区在−200.0~−120.1 ℃·d;鲁中山、丘、川中熟小麦类型区北部在−160.0~−120.1 ℃·d,南部在−120.0~−80.1 ℃·d;鲁南早中熟小麦类型区在−80.0~−40.0 ℃·d(图 2-3)。

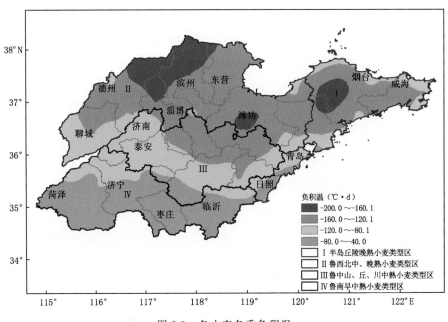

图 2-3　冬小麦冬季负积温

（四）日平均气温稳定通过 3 ℃初日日期的日序数

日平均气温稳定通过 3 ℃初日日期的日序数（1 月 1 日为 1，1 月 2 日为，以此类推）呈现自东北向西南逐渐提前的趋势。鲁西北中、晚熟小麦类型区和半岛丘陵晚熟小麦类型区北部在 2 月 28 日—3 月 1 日，南部部分地区在 2 月 22—23 日，其他地区在 2 月 24—27 日；半岛丘陵晚熟小麦类型区北部和东部在 2 月 28 日—3 月 1 日，南部部分地区在 2 月 24—25 日，其他地区在 2 月 27—28 日；鲁中山、丘、川中熟小麦类型区东部在 2 月 26—27 日，南部和西部部分地区在 2 月 21—24 日，其他地区在 2 月 24—25 日；鲁南早中熟小麦类型区在 2 月 21—25 日（图 2-4）。

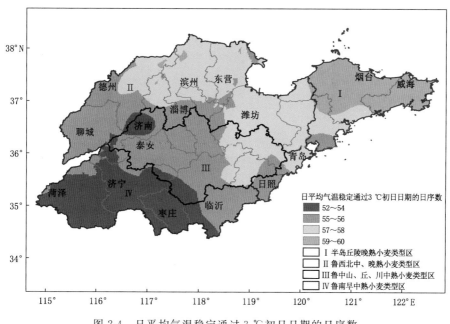

图 2-4 日平均气温稳定通过 3 ℃初日日期的日序数

（五）日平均气温≤0 ℃天数

冬小麦抽穗期日平均气温≤0 ℃天数（3 月 20 日—4 月 30 日）按照全省 30 年平均值计算，全省大部分地区在 0～0.1 d，半岛丘陵晚熟小麦类型区北部在 0.1～0.3 d（图 2-5）。

（六）灌浆期干热风日数

冬小麦灌浆期（5 月 11 日—6 月 5 日）干热风日数呈现四周少、中间多的趋势。鲁西北中、晚熟小麦类型区南部部分地区在 4～5 d，西部和西北部以及东部部分地区在 0～1 d，其他地区在 2～3 d；鲁中山、丘、川中熟小麦类型区北部在 4～5 d，其中，东部、南部和西部部分地区在 0～1 d，其他地区在 2～3 d；鲁南早中熟小麦类型区和半岛丘陵晚熟小麦类型区在 0～1 d（图 2-6）。

（七）全生育期平均降水量

冬小麦全生育期平均降水量（半岛地区 10 月 1 日至次年 6 月 20 日，其他地区 10 月 10 日至次年 6 月 10 日）呈现自西北向东南逐步增多的趋势。鲁西北中、晚熟小麦类型西北部在 120～150 mm，东部和南部部分地区在 180～250 mm，其他地区在 150～180 mm；鲁中山、丘、川中熟小麦类型区西部在 150～180 mm，东南部在 210～250 mm，其他地区在 180～210 mm；鲁南早中熟小麦类型区西北部在 150～210 mm，东南部在 250～280 mm，其他地区在 210～250 mm；半

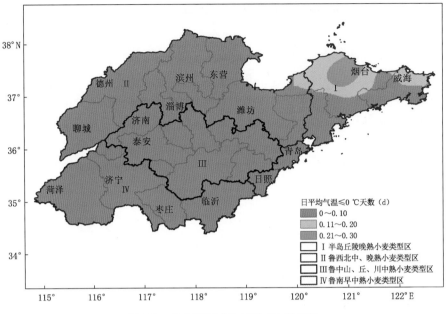

图 2-5　冬小麦日平均气温≤0 ℃天数

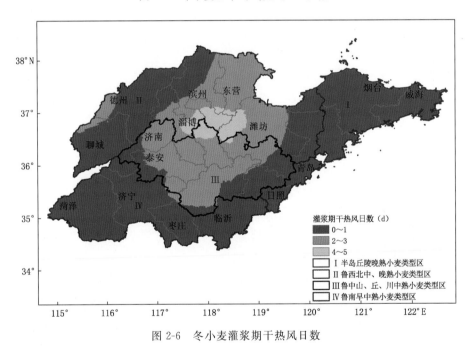

图 2-6　冬小麦灌浆期干热风日数

岛丘陵晚熟小麦类型区东部和南部在 250~280 mm,其他地区在 210~250 mm(图 2-7)。

(八)冬小麦农业气候区划

　　将最可能影响冬小麦生长的 7 个气象要素进行归一化处理,利用加权综合评价法对关键气候因子进行等权重累加计算,得到山东省冬小麦气候区划结果,并根据自然断点法将结果划分为较适宜、适宜和最适宜 3 个等级。如图 2-8 所示,山东省冬小麦农业气候资源自西北向东南分别为较适宜、适宜和最适宜于冬小麦生长。

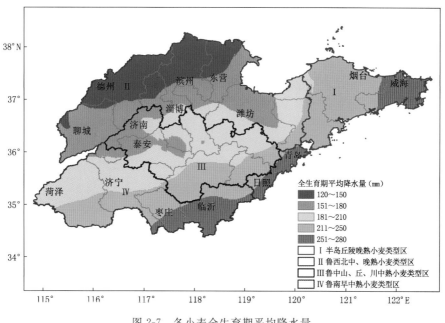

图 2-7　冬小麦全生育期平均降水量

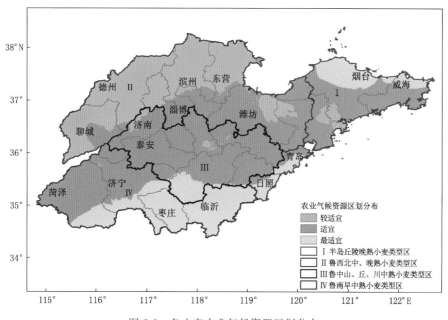

图 2-8　冬小麦农业气候资源区划分布

第二节　夏玉米农业气候区划

(一)全生育期日平均气温≥10 ℃积温

夏玉米全生育期日平均气温≥10 ℃积温(6 月 1 日—10 月 10 日)呈现自西南向东北逐步

减少的趋势。鲁西北平原玉米区东部、西部以及中部部分地区在 3000～3200 ℃·d,其他地区在 3200～3600 ℃·d;鲁南西部平原玉米区西北部和东部在 3000～3200 ℃·d,南部部分地区在 3400～3600 ℃·d,其他地区在 3200～3400 ℃·d;鲁中山地丘陵玉米区北部、西部以及西南部部分地区在 3200～3400 ℃·d,其他地区在 3000～3200 ℃·d;半岛玉米区东部和中部部分地区在 2700～3000 ℃·d,其他地区在 3000～3200 ℃·d(图 2-9)。

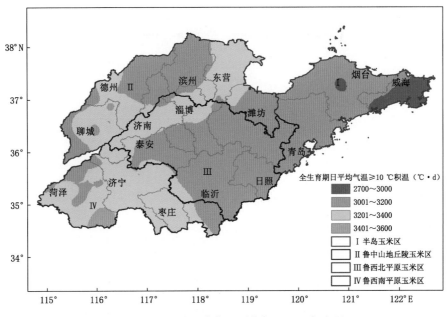

图 2-9　夏玉米全生育期日平均气温≥10 ℃积温

(二)全生育期降水量

夏玉米全生育期平均降水量(6 月 1 日—10 月 10 日)呈现自南向北逐步缩小的趋势。鲁西北平原玉米区北部和南部部分地区在 450～500 mm,其他地区在 370～450 mm;半岛玉米区北部和西部部分地区在 370～450 mm,东部和南部部分地区在 500～550 mm,其他地区在 450～500 mm;鲁中山地丘陵玉米区北部部分地区在 370～450 mm,南部部分地区在 600～650 mm,其他地区在 450～600 mm;鲁南西部平原玉米区西部在 370～500 mm,东部在 550～650 mm,其他地区在 500～550 mm(图 2-10)。

(三)抽穗期降水量

夏玉米抽穗期平均降水量(8 月 5—31 日)呈现自西北向东南逐步增多的趋势。鲁西北平原玉米区西北部在 80～100 mm,东南部和南部部分地区在 120～140 mm,其他地区在 100～120 mm;鲁南西部平原玉米区西部在 80～100 mm,东部在 140～180 mm,其他地区在 120～140 mm;鲁中山地丘陵玉米区西部和北部在 100～120 mm,东部和东南部以及南部和中西部部分地区在 140～180 mm,其他地区在 120～140 mm;半岛玉米区西北部及北部在 100～120 mm,东部、南部以及东南部在 140～180 mm,其他地区在 120～140 mm(图 2-11)。

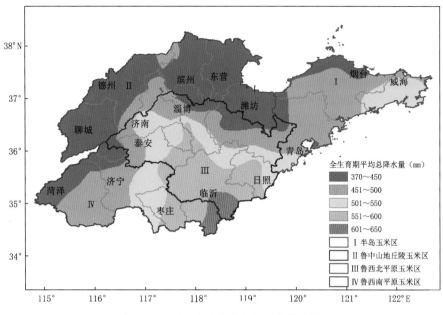

图 2-10　夏玉米全生育期平均总降水量

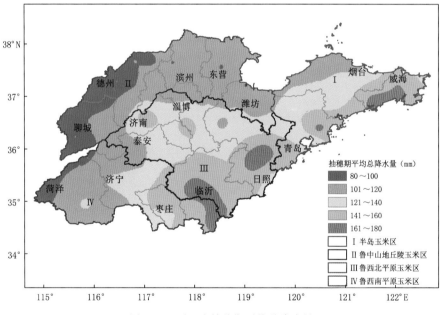

图 2-11　夏玉米抽穗期平均总降水量

（四）8 月日照时数

夏玉米 8 月日照时数呈现自南向北逐步增多的趋势。鲁西北平原玉米区西南部在 140～180 h，北部大部分地区在 200～220 h，其他地区在 180～200 h；半岛玉米区北部在 220～240 h，南部及东部部分地区在 180～200 h，其他地区在 200～220 h；鲁中山地丘陵玉米区南部部分地区在 140～160 h，东部、西部以及北部地区在 180～200 h，其他地区在 160～180 h；鲁南西部平原玉米区北部部分地区在 180～200 h,东南部以及西部部分地区在 140～160 h,其他地区在 160～180 h(图 2-12)。

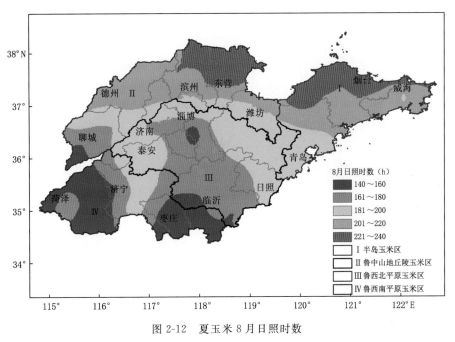

图 2-12　夏玉米 8 月日照时数

（五）夏玉米农业气候区划

山东夏玉米农业气候资源自西北向东南分别为较适宜、适宜和最适宜于夏玉米生长(图 2-13)。

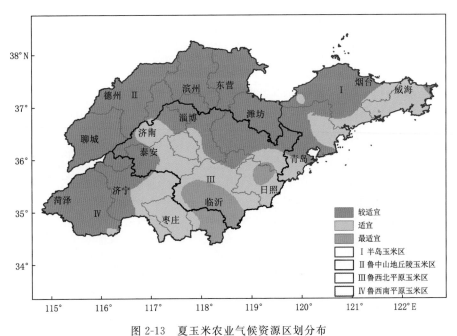

图 2-13　夏玉米农业气候资源区划分布

第三章　冬小麦干热风时空演变

第一节　轻度干热风

一、1981—2020 年轻度干热风变化规律

(一)时间变化规律

1. 全省变化规律

1981—2020 年冬小麦轻度干热风全省年平均出现天数在 0～3.6 d,呈现两端高、中间低的趋势;1981— 2000 年平均出现天数为 0.7 d,2000 年后轻度干热风出现天数有所增加,其中,2014 年出现天数最多为 3.6 d(图 3-1)。

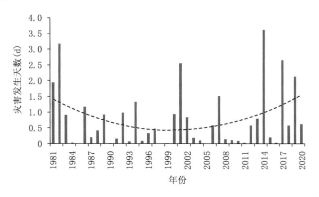

图 3-1　1981—2020 年轻度干热风全省年平均出现天数变化规律

1981—2020 年冬小麦轻度干热风各生态区年平均出现天数的逐年变化趋势与全省平均变化趋势一致,均呈现两端高、中间低的趋势。半岛丘陵晚熟小麦类型区在 0～1.8 d,鲁西北中、晚熟小麦类型区在 0～4.7 d,鲁中山、丘、川中熟类型区在 0～4.4 d,鲁南早中熟小麦类型区在 0～3.1 d,其中半岛丘陵晚熟小麦类型区、鲁西北中、晚熟小麦类型区、鲁中山、丘、川中熟类型区均为 2014 年出现天数最多,半岛丘陵晚熟小麦类型区最高为 1.8 d,鲁西北中、晚熟小麦类型区最高为 4.7 d,鲁中山、丘、川中熟类型区最高为 4.4 d,鲁南早中熟小麦类型区 2017 年出现天数最高,为 3.1 d(图 3-2)。

2. 出现区域的出现天数变化规律

1981—2020 年冬小麦轻度干热风出现区域年平均出现天数在 0～4.0 d,呈现两端高、中间低的趋势;1981—1990 年平均出现天数为 1.9 d;1991—2000 年平均出现天数有所减少,为 1.3 d,2001—2010 年平均出现天数与 1991—2000 年出现天数基本一致,均为 1.3 d;2011—2020 年平均出现天数比 2001—2010 年有所增多,为 1.9 d,其中 2014 年出现天数最多,为 4.0 d(图 3-3)。

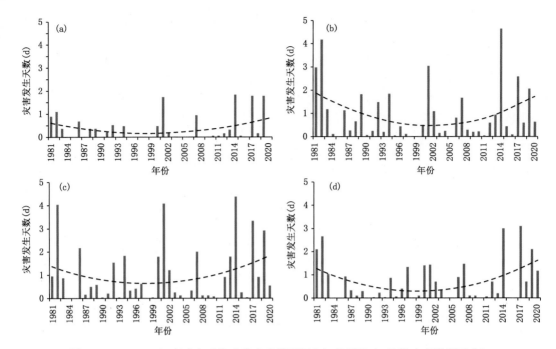

图 3-2　1981—2020 年半岛丘陵晚熟小麦类型区(a),鲁西北中、晚熟小麦类型区(b),
鲁中山、丘、川中熟小麦类型区(c),鲁南早中熟小麦类型区(d)轻度干热风年平均变化规律

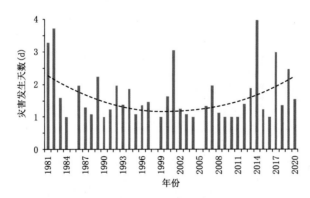

图 3-3　1981—2020 年轻度干热风出现区域年平均出现天数变化规律

(二)空间分布规律

1981—2020 年轻度干热风出现 1 d 以上的区域整体呈现缩小趋势。20 世纪 80 年代主要出现在鲁西北、鲁中的大部分地区以及鲁南西部地区,出现天数在 2～5 d(图 3-4,1981—1990年);90 年代主要出现在鲁西北中部、鲁中大部以及鲁南中部地区,出现天数在 2～5 d(图 3-4,1991—2000 年);进入 21 世纪前 10 年 1 d 以上轻度干热风出现区域与 20 世纪 80 年代有所缩小,主要出现在鲁西北中东部、鲁中大部地区,出现天数在 2～5 d(图 3-4,2001—2010 年);2011年以来出现区域与 21 世纪前 10 年基本一致,出现天数在 2～5 d(图 3-4,2011—2020 年)。

冬小麦各种植区域轻度干热风出现情况表现为:1981—1990 年半岛丘陵晚熟小麦类型区,鲁中山、丘、川中熟小麦类型区西南部和东南部,鲁南早中熟小麦类型区中东部在 0～1 d,

其他地区在 2～5 d;1991—2000 年鲁西北中、晚熟小麦类型区中东部,鲁中山、丘、川中熟小麦类型区大部,鲁南早中熟小麦类型区中东部部分地区在 2～5 d,其他地区在 0～1 d;2001—2010 年鲁西北中、晚熟小麦类型区中部,鲁中山、丘、川中熟小麦类型区大部在 2～5 d,其他地区在 0～1 d;2011—2020 年鲁西北中、晚熟小麦类型区中东部,鲁中山、丘、川中熟小麦类型区大部及鲁南早中熟小麦类型区西部的部分地区在 2～5 d,其他地区在 0～1 d(图 3-4)。

1981—2020 年冬小麦轻度干热风逐年出现情况如图 3-5 所示。

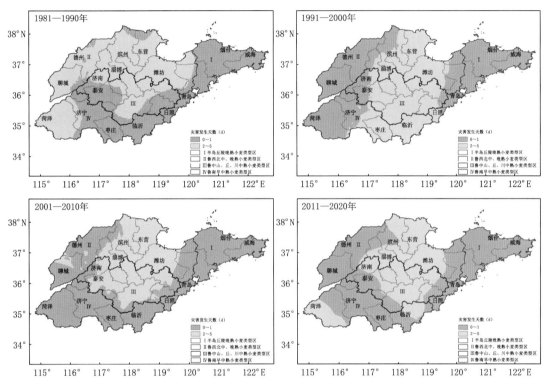

图 3-4 1981—2020 年轻度干热风每 10 年平均出现天数空间分布图

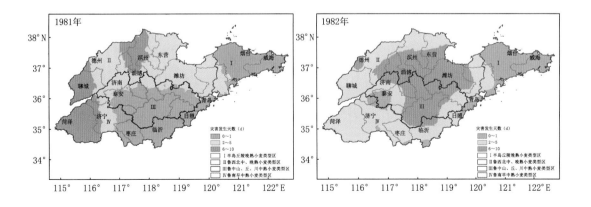

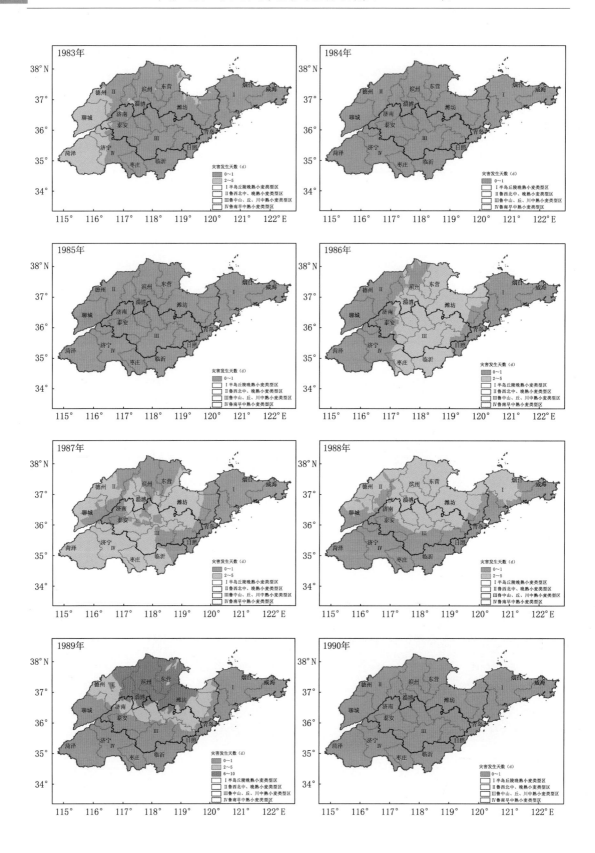

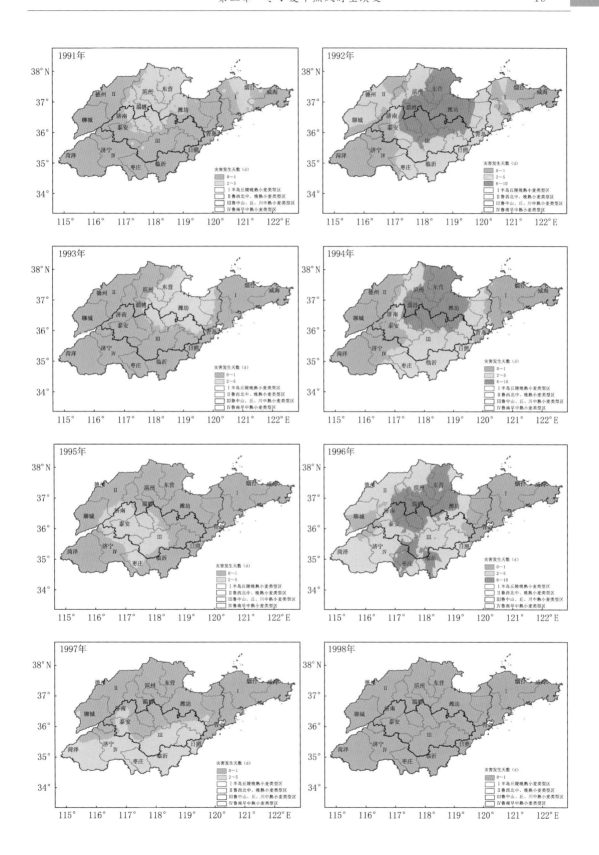

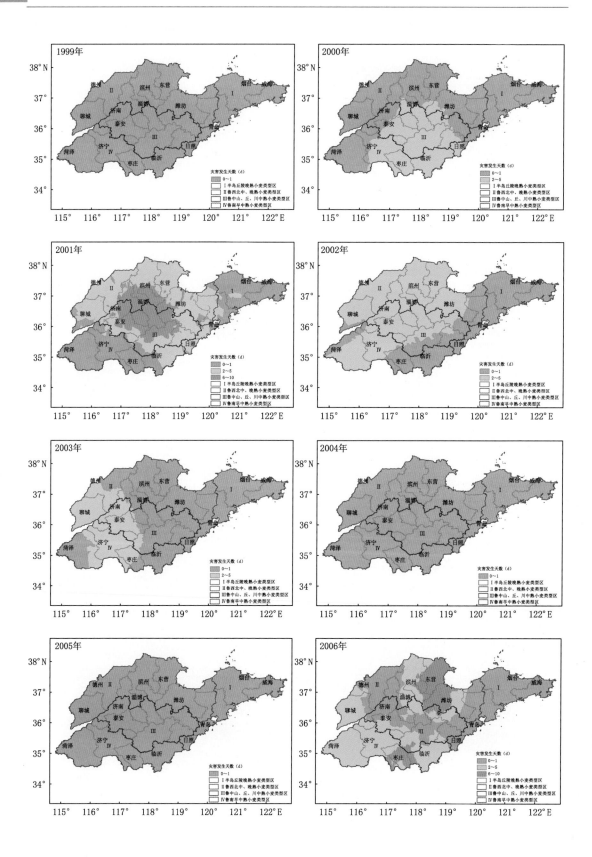

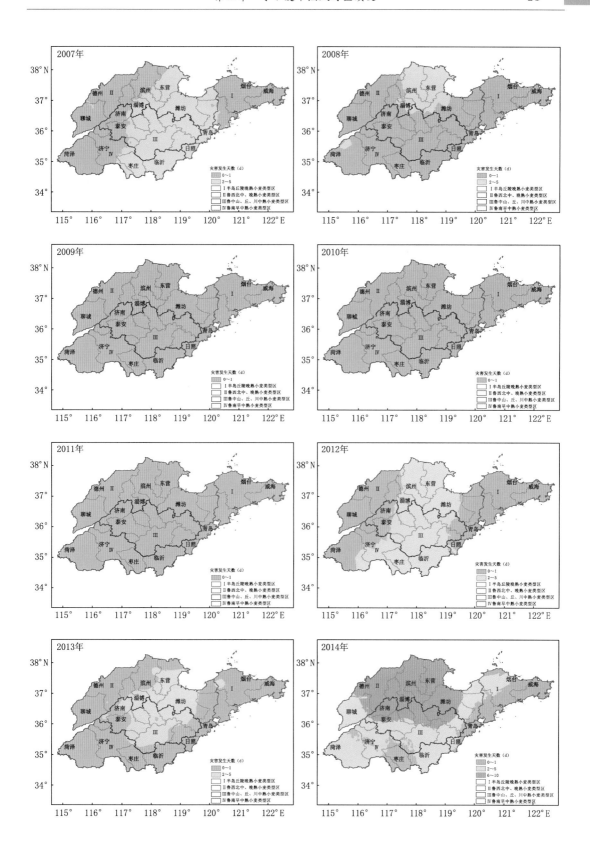

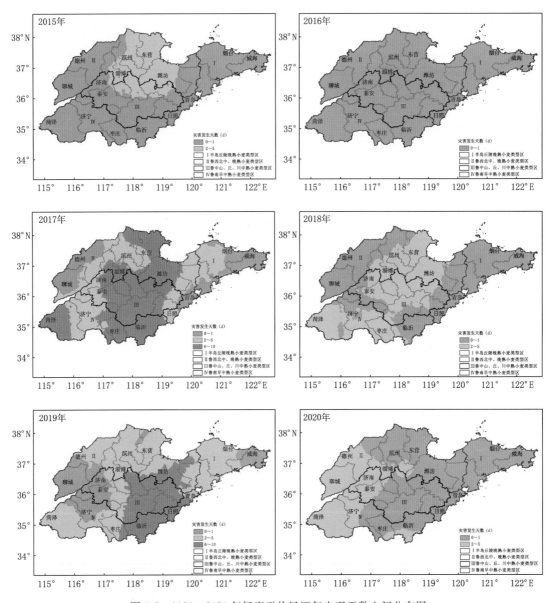

图 3-5　1981—2020 年轻度干热风逐年出现天数空间分布图

二、2021—2050 年轻度干热风变化规律预估

(一)时间变化规律

1. RCP4.5 情景下时间变化规律

(1)全省变化规律

2021—2050 年 RCP4.5 情景下冬小麦轻度干热风的全省年平均出现天数在 0～6.8 d,呈现两端高、中间低的趋势;2021—2035 年平均出现天数为 1.9 d,2035 年以后出现天数有所增多,平均出现天数为 2.0 d,其中 2029 年出现天数最多,为 6.8 d(图 3-6)。

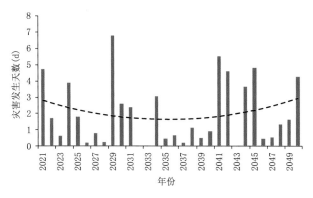

图 3-6   2021—2050 年轻度干热风全省年平均出现天数变化规律

2021—2050 年 RCP4.5 情景下冬小麦轻度干热风各生态区的年平均出现天数的逐年变化趋势为:半岛丘陵晚熟小麦类型区整体变化不大,鲁西北中、晚熟小麦类型区,鲁中山、丘、川中熟小麦类型区,鲁南早中熟小麦类型区与全省平均变化趋势一致,均呈现两端高、中间低。半岛丘陵晚熟小麦类型区在 0~2.2 d,鲁西北中、晚熟小麦类型区在 0~9.4 d,鲁中山、丘、川中熟小麦类型区在 0~6.3 d,鲁南早中熟小麦类型区均在 0~7.3 d;半岛丘陵晚熟小麦类型区 2041 年出现天数最多为 2.2 d,鲁西北中、晚熟小麦类型区,鲁中山、丘、川中熟小麦类型区,鲁南早中熟小麦类型区均为 2029 年出现天数最多,分别为 9.4 d、6.3 d、7.3 d(图 3-7)。

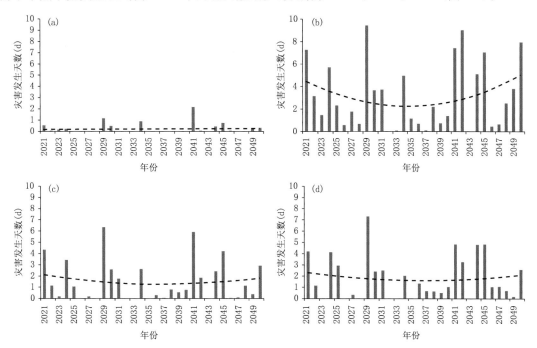

图 3-7   2021—2050 年半岛丘陵晚熟小麦类型区(a),鲁西北中、晚熟小麦类型区(b),
鲁中山、丘、川中熟小麦类型区(c),鲁南早中熟小麦类型区(d)轻度干热风年平均变化规律

(2)出现区域的出现天数变化规律

2021—2050 年 RCP4.5 情景下冬小麦轻度干热风出现区域的年平均出现天数在 0~7.1 d,

呈现两端高、中间低的趋势;2021—2030 年平均出现天数为 3.4 d,2031—2040 年平均出现天数有所减少,为 2.0 d,2041—2050 年平均出现天数比 2031—2040 年有所增多,为 3.7 d,2029年出现天数最多,为 7.1 d(图 3-8)。

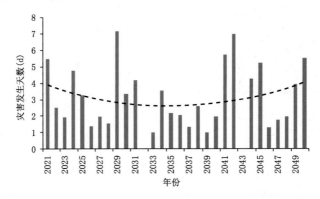

图 3-8　2021—2050 年轻度干热风出现区域年平均出现天数变化规律

2. RCP8.5 情景下时间变化规律

(1)全省变化规律

2021—2050 年 RCP8.5 情景下冬小麦轻度干热风的年平均出现天数全省在 0~6.5 d,呈现两端高、中间低的趋势;2021—2035 年平均出现天数为 2.3 d,2035 年以后平均出现天数有所减少,为 2.0 d;2029 年出现天数最多,为 6.5 d(图 3-9)。

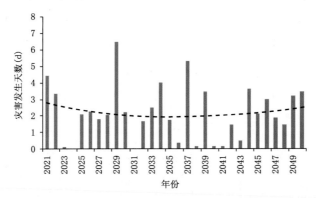

图 3-9　2021—2050 年轻度干热风全省年平均出现天数变化规律

2021—2050 年 RCP8.5 情景下冬小麦轻度干热风各生态区的年平均出现天数的逐年变化趋势为:半岛丘陵晚熟小麦类型区,鲁中山、丘、川中熟小麦类型区和鲁南早中熟小麦类型区为逐渐降低趋势;鲁西北中、晚熟小麦类型区为两端高、中间低趋势。半岛丘陵晚熟小麦类型区在 0~1.2 d,鲁西北中、晚熟小麦类型区在 0~8.4 d,鲁中山、丘、川中熟小麦类型区和鲁南早中熟小麦类型区均在 0~7.4 d,鲁南早中熟小麦类型区在 0~8.1 d;半岛丘陵晚熟小麦类型区 2021 年出现天数最多,为 1.2 d,鲁西北中、晚熟小麦类型区 2037 年出现天数最多,为8.4 d,鲁中山、丘、川中熟小麦类型区和鲁南早中熟小麦类型区均为 2029 年出现天数最多,分别为 7.4 d、8.1 d(图 3-10)。

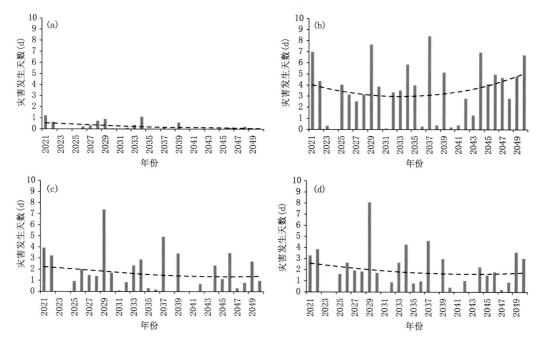

图 3-10　2021—2050 年半岛丘陵晚熟小麦类型区(a),鲁西北中、晚熟小麦类型区(b),
鲁中山、丘、川中熟小麦类型区(c),鲁南早中熟小麦类型区(d)轻度干热风年平均变化规律

(2)出现区域的出现天数变化规律

2021—2050 年 RCP8.5 情景下冬小麦轻度干热风出现区域的年平均出现天数在 0~7.4 d,
呈现两端高、中间低的趋势;2021—2030 年平均出现天数为 3.2 d,2031—2040 年平均天数较
2021—2030 年有所减少,为 3.0 d,2041—2050 年平均天数较 2031—2040 年有所增多,为
3.7 d;2029 年出现天数最多,为 7.4 d(图 3-11)。

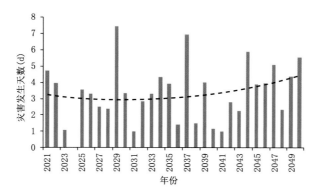

图 3-11　2021—2050 年轻度干热风出现区域年平均出现天数变化规律

(二)空间分布规律

1.RCP4.5 情景下空间分布规律

(1)每 10 年平均空间分布规律

2011—2050 年每 10 年平均轻度干热风出现 1 d 以上的区域整体呈现扩大趋势。21 世纪

第 2 个 10 年主要出现在鲁西北中东部、鲁南西部、鲁中大部分地区,出现天数在 2～5 d(图 3-12,2011—2020 年);20 年代主要出现在鲁西北大部、鲁中西部、鲁南西部地区,出现天数在 2～5 d(图 3-12,2021—2030 年);30 年代主要出现在鲁西北、鲁南西部和鲁中大部及半岛西北部地区,出现天数在 2～10 d(图 3-12,2031—2040 年);40 年代出现区域与 30 年代相比有所扩大,扩展到鲁中东部和鲁南东南部地区,出现天数在 2～10 d(图 3-12,2041—2050 年)。

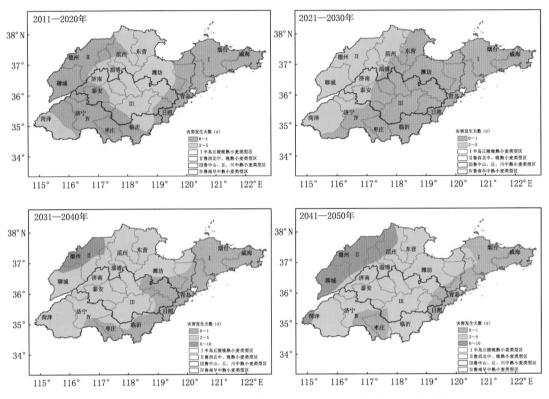

图 3-12　2011—2050 年轻度干热风每 10 年平均出现天数空间分布图

(2)逐年空间分布规律

2021—2050 年冬小麦轻度干热风逐年出现情况如图 3-13 所示。

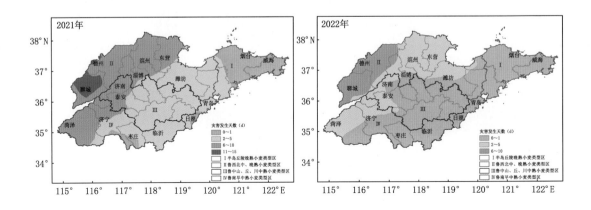

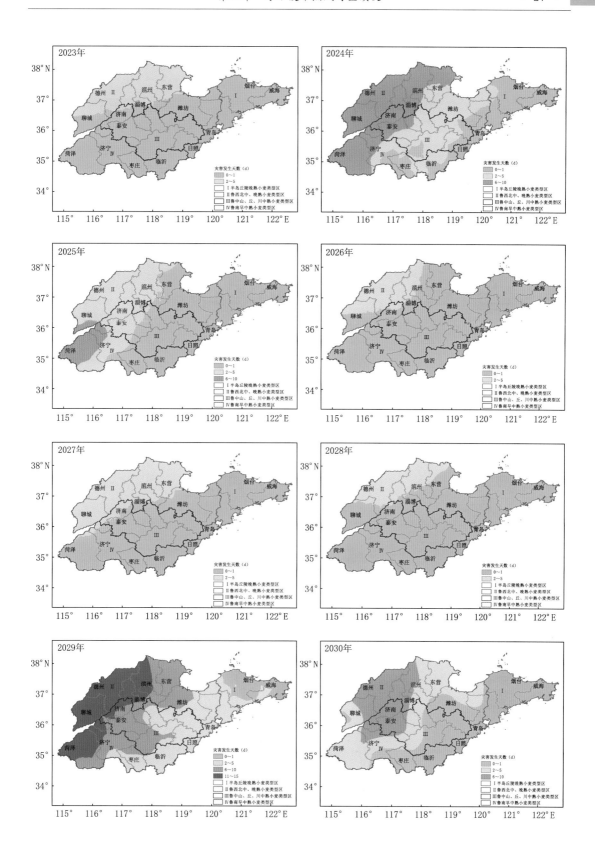

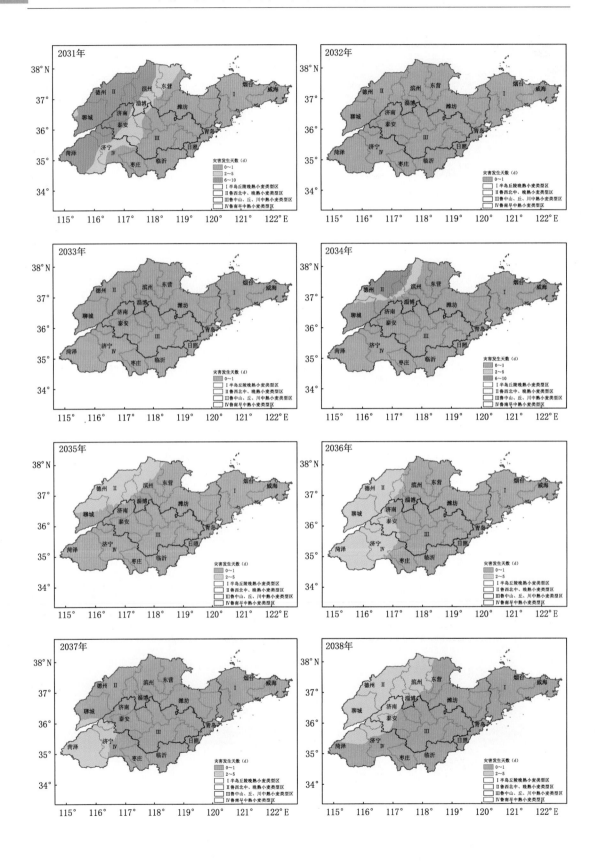

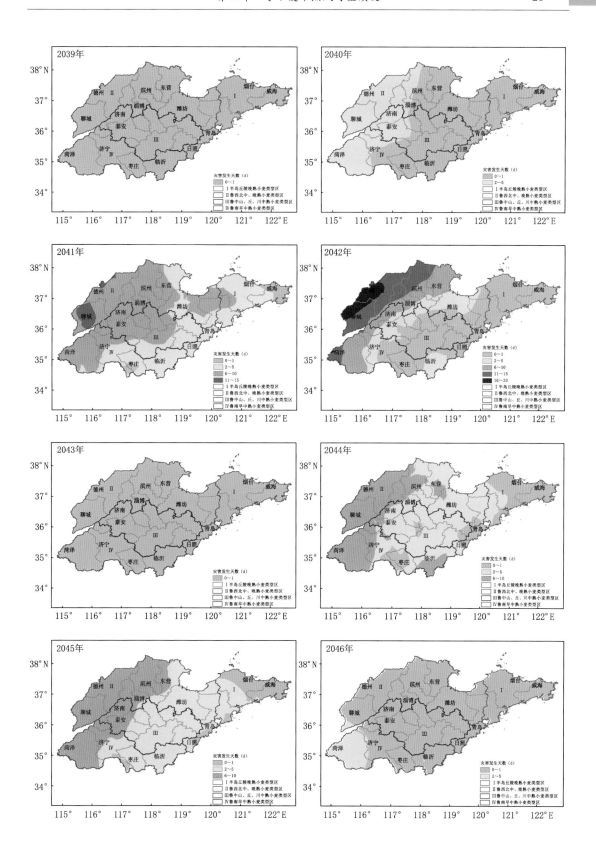

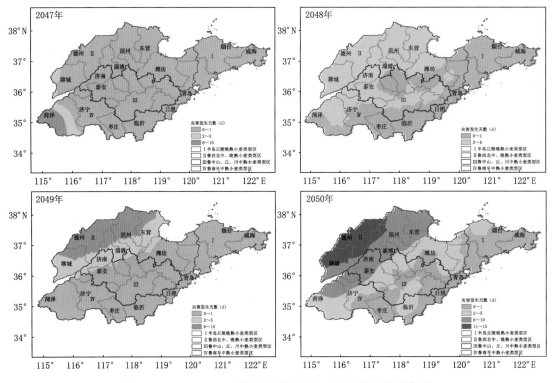

图 3-13　2021—2050 年轻度干热风逐年出现天数空间分布图

2. RCP8.5 情景下空间分布规律

(1)每 10 年平均空间分布规律

2011—2050 年每 10 年平均轻度干热风出现 1 d 以上的区域整体呈现先扩大后缩小趋势。21 世纪第 2 个 10 年主要出现在鲁西北东部、鲁中大部、鲁南西部及东部地区,出现天数在 2～5 d(图3-14,2011—2020 年);20 年代出现区域明显扩大,主要出现在鲁西北、鲁中、鲁南大部及半岛西部,出现天数在 2～10 d(图 3-14,2021—2030 年);30 年代出现区域与 20 年代有所减小,主要出现在鲁西北、鲁中大部、鲁南西部,出现天数在 2～5 d(图 3-14,2031—2040 年);40 年代出现区域与 30 年代进一步减小,主要出现在鲁西北、鲁中北部和鲁南西部地区,出现天数在 2～10 d,鲁西北的西北部出现天数在 5 d 以上的区域扩大(图 3-14,2041—2050 年)。

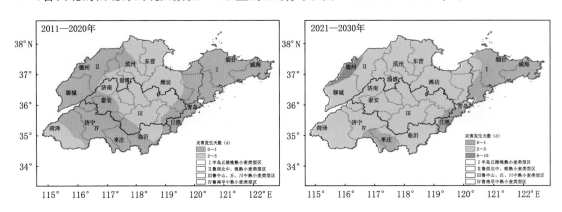

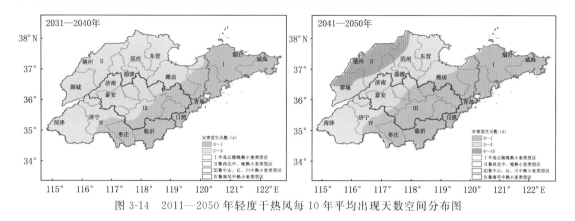

图 3-14　2011—2050 年轻度干热风每 10 年平均出现天数空间分布图

（2）逐年空间分布规律

2021—2050 年冬小麦轻度干热风逐年出现情况如图 3-15 所示。

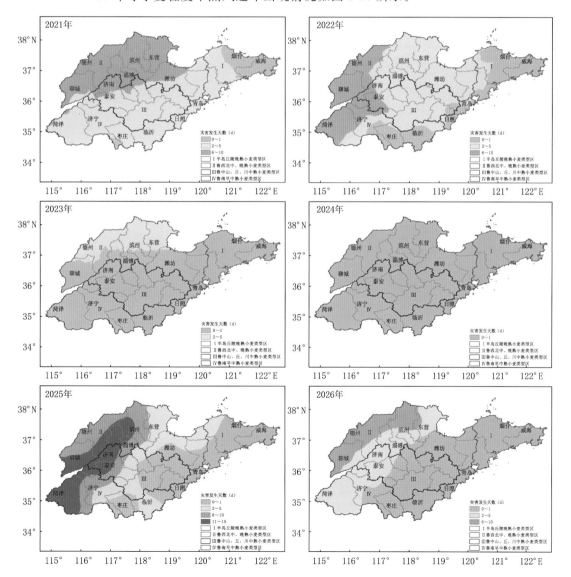

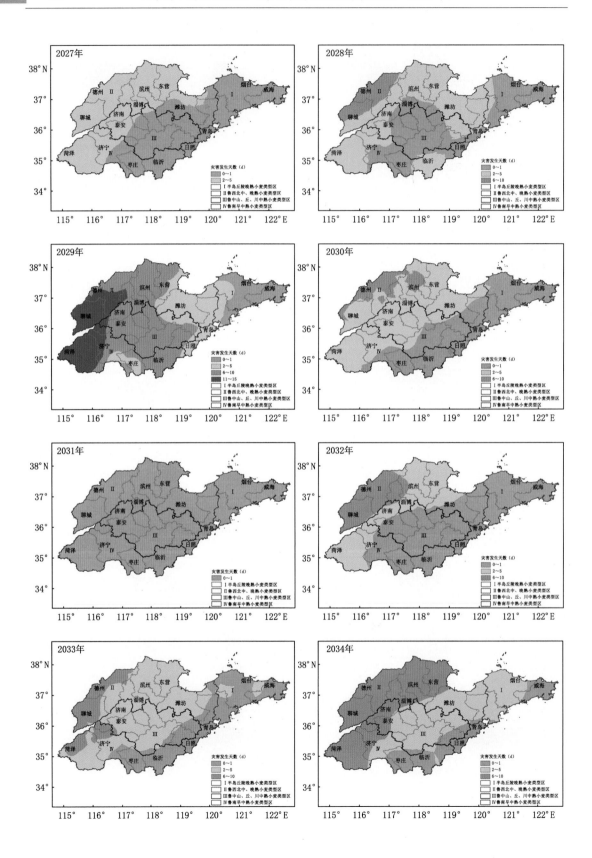

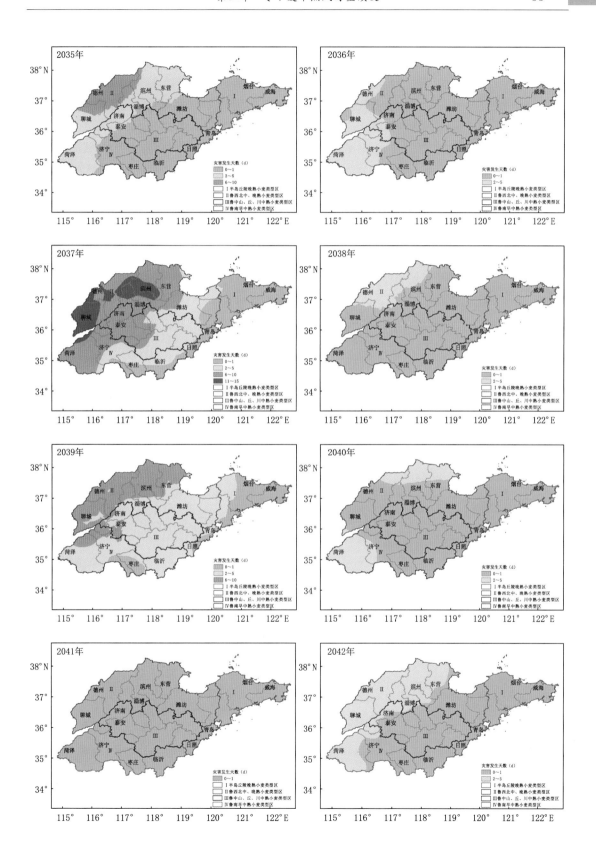

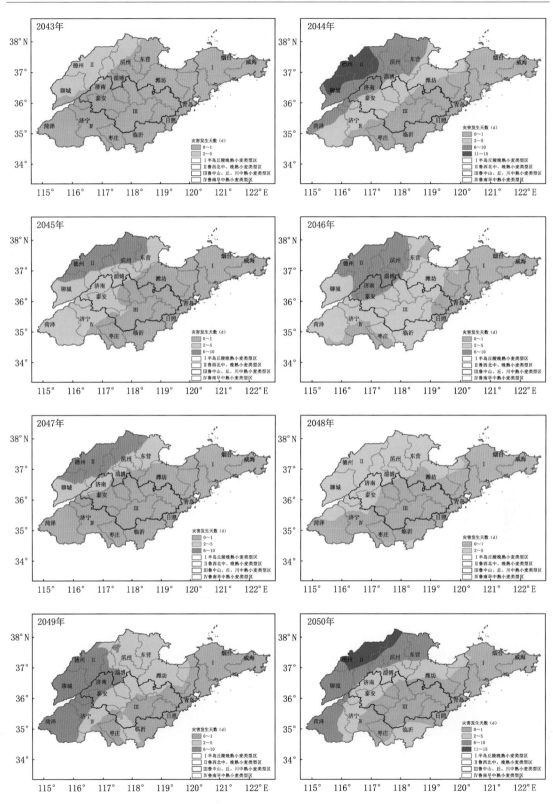

图 3-15　2021—2050 年轻度干热风逐年出现天数空间分布图

第二节　中度干热风

一、1981—2020 年中度干热风变化规律

(一)时间变化规律

1. 全省变化规律

1981—2020 年冬小麦中度干热风的全省年平均出现天数在 0～2.1 d,呈现两端高、中间低的趋势;1981—2000 年平均出现天数为 0.2 d,2000 年后重干热风出现天数有所增多,为0.4 d;2014 年出现天数最多,为 2.1 d(图 3-16)。

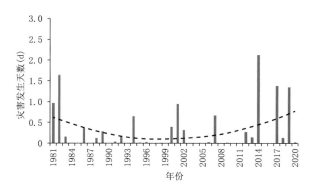

图 3-16　1981—2020 年中度干热风全省年平均出现天数变化规律

1981—2020 年冬小麦中度干热风各生态区的年平均出现天数的逐年变化趋势与全省平均变化趋势一致,均为先降低再升高。半岛类型区在 0～1.1 d,鲁西北类型区在 0～2.8 d,鲁中山、丘、川半冬性冬性中熟类型区在 0～2.8 d,鲁南早中熟小麦类型区在 0～1.8 d;半岛类型区 2019 年出现天数最多,为 1.1 d;鲁西北类型区和鲁中山、丘、川半冬性冬性中熟类型区2014 年出现天数最多,均为 2.8 d;鲁南早中熟小麦类型区 2017 年出现天数最多,为 1.8 d(图3-17)。

2. 出现区域的出现天数变化规律

1981—2020 年冬小麦中度干热风出现区域的年平均出现天数在 0～2.6 d,呈现两端高、中间低的趋势;1981—1990 年平均出现天数为 1.3 d,1991—2000 年平均出现天数为 1.0 d,2001—2010 年平均出现天数为 0.9 d,2011—2020 年中度干热风出现天数与 2001—2010 年相比,有所增大,为 1.1 d;2014 年出现天数最多,为 2.6 d(图 3-18)。

(二)空间分布规律

1981—2020 年中度干热风出现 1 d 以上的区域整体呈现先缩小后扩大趋势。20 世纪 80年代主要出现在鲁西北大部、鲁中中东部、半岛西部以及鲁南西部地区(图 3-19,1981—1990年);90 年代全省出现天数均在 1 d 以下(图 3-19,1991—2000 年);进入 21 世纪前 10 年 1 d 以上重度干热风出现区域与 20 世纪 90 年代一致,均在 1 d 以下(图 3-19,2001—2010 年);2011 年以来出现区域主要集中在鲁西北东部、鲁中的中东部、鲁南东部地区(图 3-19,2011—2020 年)。

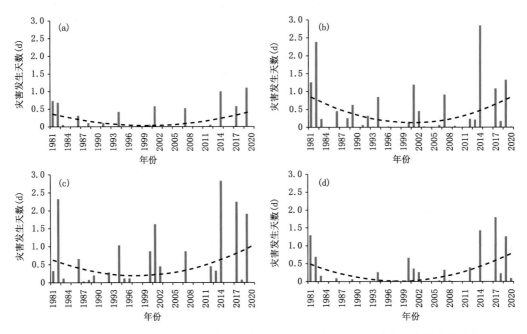

图 3-17　1981—2020 年半岛类型区(a),鲁西北类型区(b),鲁中山、丘、川半冬性冬性中熟类型区(c),
鲁南早中熟小麦类型区(d)中度干热风年平均变化规律

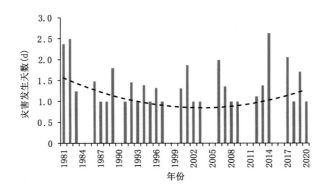

图 3-18　1981—2020 年中度干热风出现区域年平均出现天数变化规律

　　冬小麦种植区域中度干热风出现情况表现为:1981—1990 年鲁西北类型区大部,鲁中山、丘、川半冬性冬性中熟类型区北部以及鲁南早中熟小麦类型区西部在 2~5 d,其他地区为 0~1 d;1991—2000 年全省出现天数均为 0~1 d;2001—2010 年与 1991—2000 年一致,出现天数均为 0~1 d;2011—2020 年鲁西北类型区东部,鲁中山、丘、川半冬性冬性中熟类型区东部及鲁南早中熟小麦类型区东部出现天数为 2~5 d,其他地区出现天数为 0~1 d(图 3-19)。

　　1981—2020 年冬小麦中度干热风每年出现情况如图 3-20 所示。

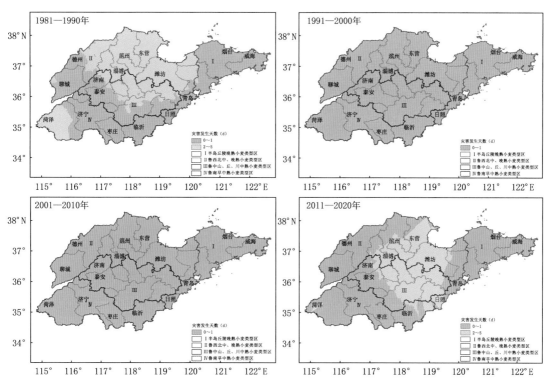

图 3-19　1981—2020 年中度干热风每 10 年平均出现天数空间分布图

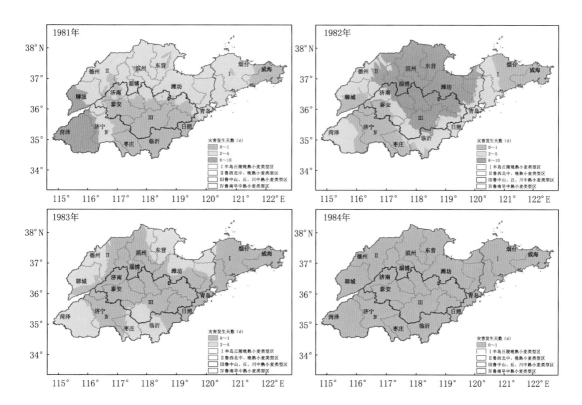

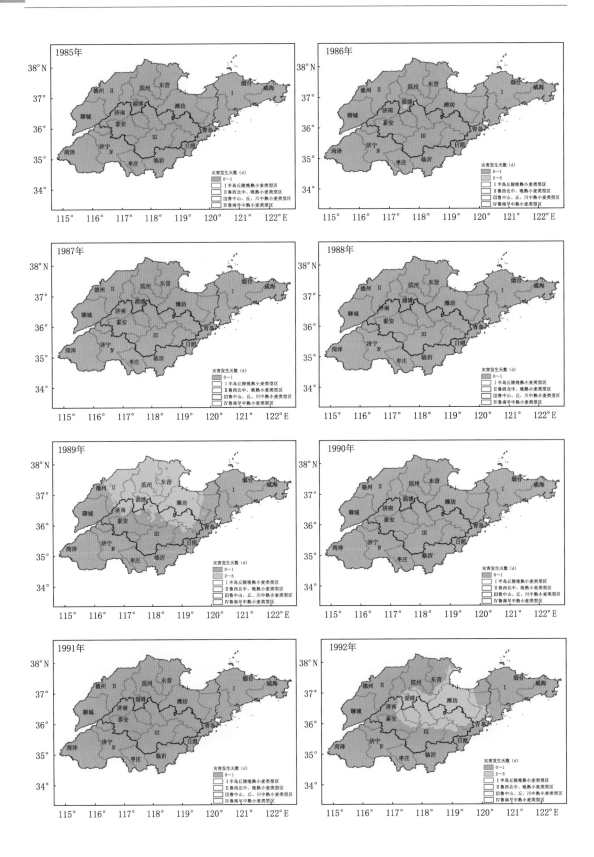

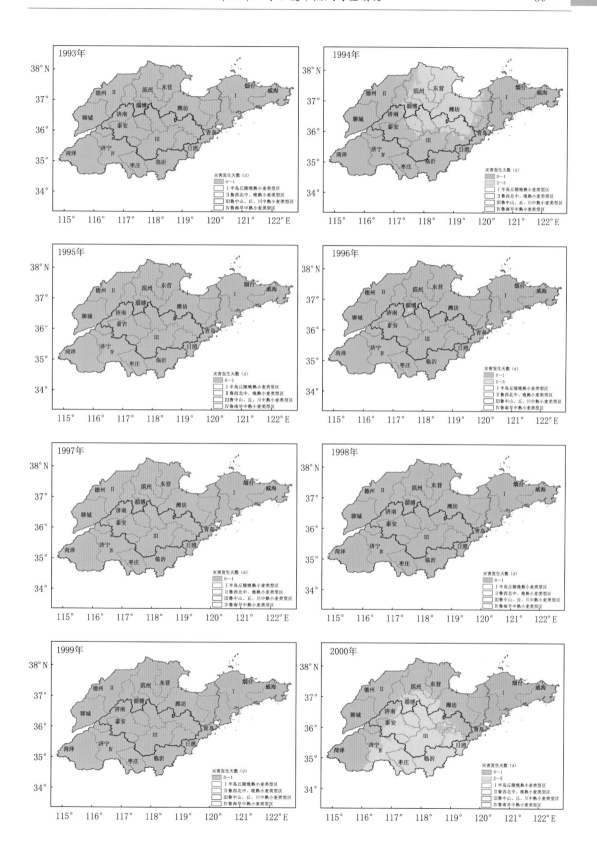

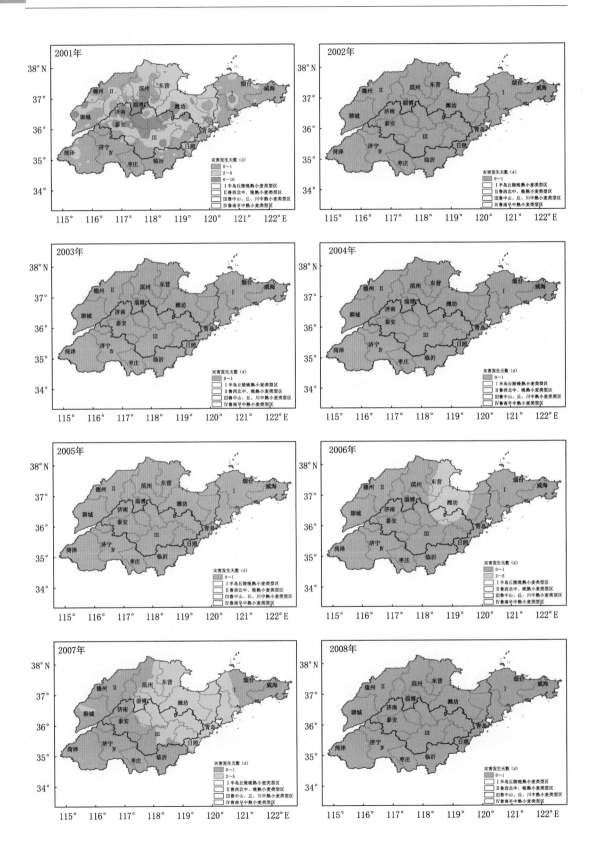

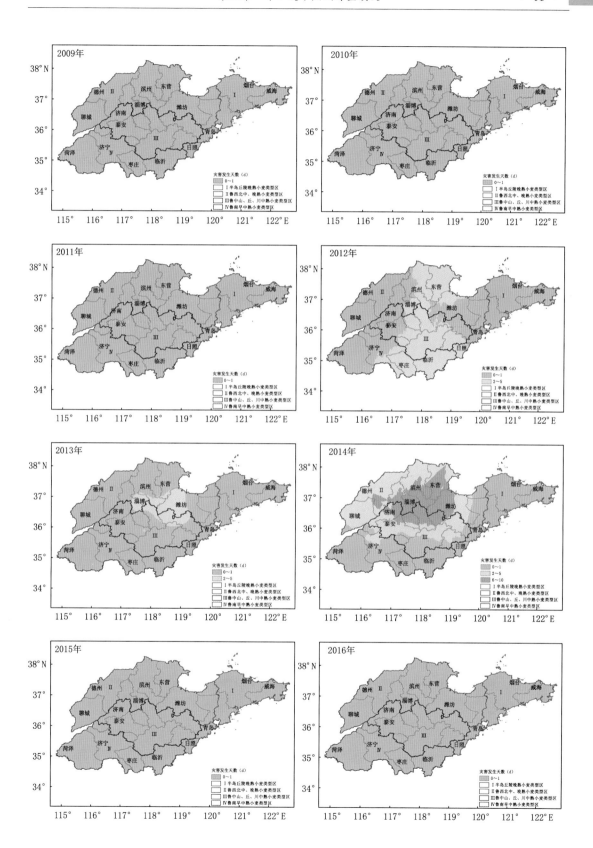

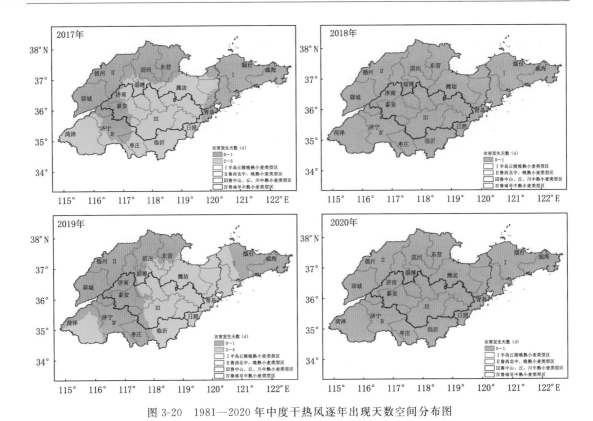

图 3-20　1981—2020 年中度干热风逐年出现天数空间分布图

二、2021—2050 年中度干热风变化规律预估

(一)时间分布规律

1. RCP4.5 情景下时间变化规律

(1)全省变化规律

2021—2050 年 RCP4.5 情景下冬小麦中度干热风的全省年平均出现天数在 0～3.4 d,呈现两端高、中间低的趋势;2021—2030 年平均出现天数为 1.0 d,2031—2040 年中干热风平均出现天数为 0.3 d,2041—2050 年平均出现天数为 1.2 d,其中 2029 年出现天数为 3.4 d(图 3-21)。

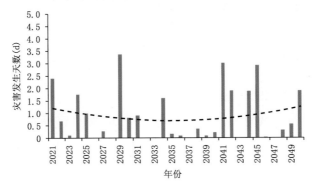

图 3-21　2021—2050 年中度干热风全省年平均出现天数变化规律

2021—2050 年 RCP4.5 情景下冬小麦中度干热风各生态区的年平均出现天数的逐年变化趋势为:半岛类型区为两端低、中间高的趋势。鲁西北类型区为两端高、中间低的趋势。鲁中山、丘、川半冬性冬性中熟类型区和鲁南早中熟小麦类型区呈现逐渐降低的趋势。半岛类型区在 0~0.8 d,鲁西北类型区在 0~4.5 d,鲁中山、丘、川半冬性冬性中熟类型区 0~3.0 d,鲁南早中熟小麦类型区均在 0~4.1 d;半岛类型区 2041 年出现天数最多为 0.8 d,鲁西北类型区、鲁中山、丘、川半冬性冬性中熟类型区,鲁南早中熟小麦类型区均为 2029 年出现天数最多,分别为 4.5 d、3.0 d、4.1 d(图 3-22)。

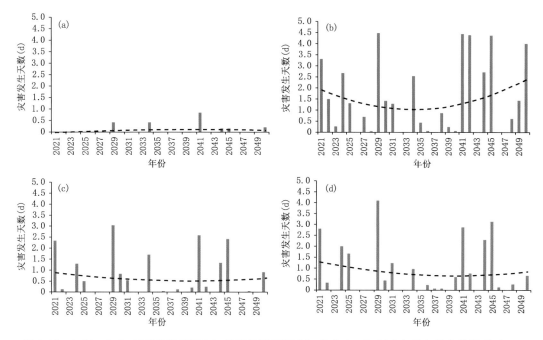

图 3-22 2021—2050 年半岛类型区(a),鲁西北类型区(b),鲁中山、丘、川半冬性冬性中熟类型区(c),鲁南早中熟小麦类型区(d)中度干热风年平均变化规律

(2)出现区域的出现天数变化规律

2021—2050 年 RCP4.5 情景下冬小麦中度干热风出现区域的年平均出现天数在 0~4.7 d,呈现两端高、中间低的趋势;2021—2030 年平均出现天数为 2.0 d,2031—2040 年平均出现天数为 1.1 d,2041—2050 年平均出现天数为 2.3 d,2042 年最多为 4.7 d(图 3-23)。

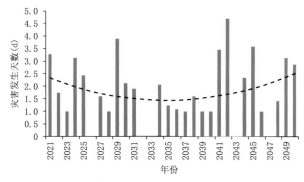

图 3-23 2021—2050 年中度干热风出现区域年平均出现天数变化规律

2. RCP8.5 情景下时间变化规律

(1) 全省变化规律

2021—2050 年 RCP8.5 情景下冬小麦中度干热风的全省年平均出现天数在 0～3.7 d,年际变化趋势不明显;2021—2030 年平均出现天数为 1.1 d,2031—2040 年平均中干热风出现天数部分年份为 0.8 d,2041—2050 年平均出现天数为 0.9 d,2029 年出现天数最多,为 3.7 d(图 3-24)。

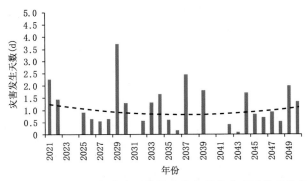

图 3-24　2021—2050 年中度干热风全省年平均出现天数变化规律

2021—2050 年 RCP8.5 情景下冬小麦中度干热风各生态区的年平均出现天数的逐年变化趋势分别为:半岛类型区为逐渐下降趋势;鲁西北类型区为两端高、中间低的趋势;鲁中山、丘、川半冬性冬性中熟类型区变化趋势不大;鲁南早中熟小麦类型区为缓慢下降的趋势。半岛类型区在 0～0.8 d,鲁西北类型区在 0～4.8 d,鲁中山、丘、川半冬性冬性中熟类型区在 0～3.4 d,鲁南早中熟小麦类型区在 0～5.0 d;半岛类型区 2034 年出现天数最多为 0.8 d,鲁西北类型区,鲁中山、丘、川半冬性冬性中熟类型区和鲁南早中熟小麦类型区均为 2029 年出现天数最多,分别为 4.8 d、3.4 d 和 5.0 d(图 3-25)。

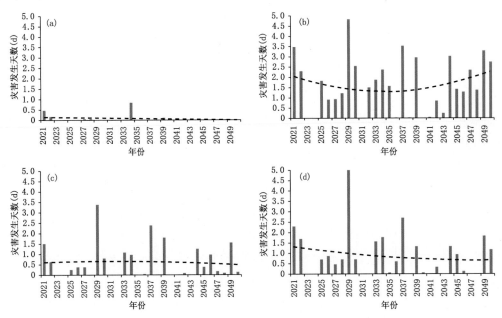

图 3-25　2021—2050 年半岛类型区(a),鲁西北类型区(b),鲁中山、丘、川半冬性冬性中熟类型区(c),
鲁南早中熟小麦类型区(d)中度干热风年平均变化规律

（2）出现区域的出现天数变化规律

2021—2050 年 RCP8.5 情景下冬小麦中度干热风出现区域的年平均出现天数在 0～4.8 d，呈逐渐增多趋势；2021—2030 年平均出现天数为 1.9 d，2031—2040 年平均出现天数为 1.9 d，2041—2050 年平均出现天数为 2.4 d，2029 年出现天数最多，为 4.8 d（图 3-26）。

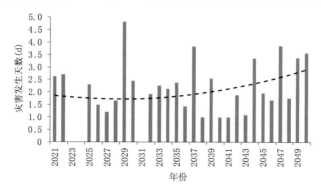

图 3-26　2021—2050 年中度干热风出现区域年平均出现天数变化规律

（二）空间分布规律

1. RCP4.5 情景下空间分布规律

（1）每 10 年平均空间分布规律

2011—2050 年每 10 年平均中度干热风出现 1 d 以上的区域在 2021 年前后变化较大。21 世纪第 2 个 10 年主要出现在鲁西北东部、鲁中的中东部及鲁南的东部，出现天数在 2～5 d（图 3-27，

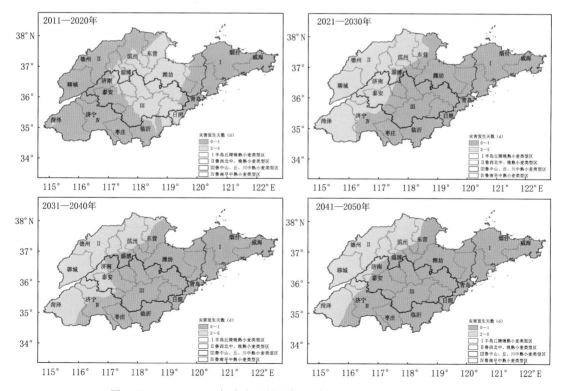

图 3-27　2011—2050 年中度干热风每 10 年平均出现天数空间分布图

2011—2020 年);20 年代主要出现在鲁西北大部、鲁中西部和鲁南西部,出现天数在 2~5 d (图 3-27,2021—2030 年);30 年代主要出现在鲁西北大部、鲁中西部以及鲁南西部地区,出现天数在 2~5 d(图 3-27,2031—2040 年);40 年代与 30 年代出现区域基本一致(图 3-27,2041— 2050 年)。

(2)逐年空间分布规律

2021—2050 年冬小麦中度干热风逐年出现情况如图 3-28 所示。

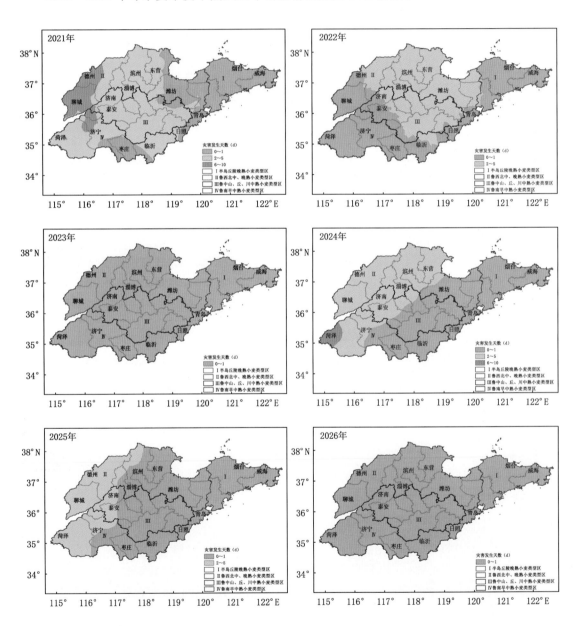

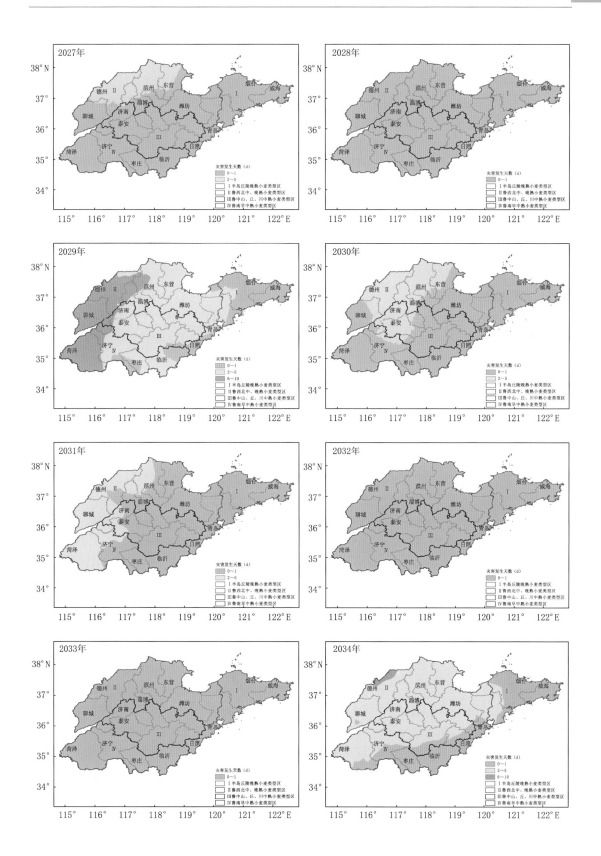

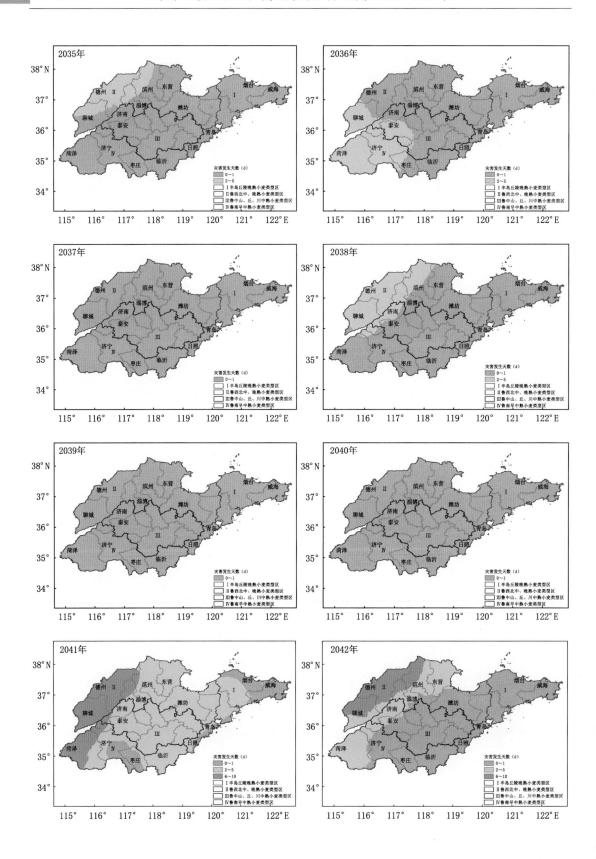

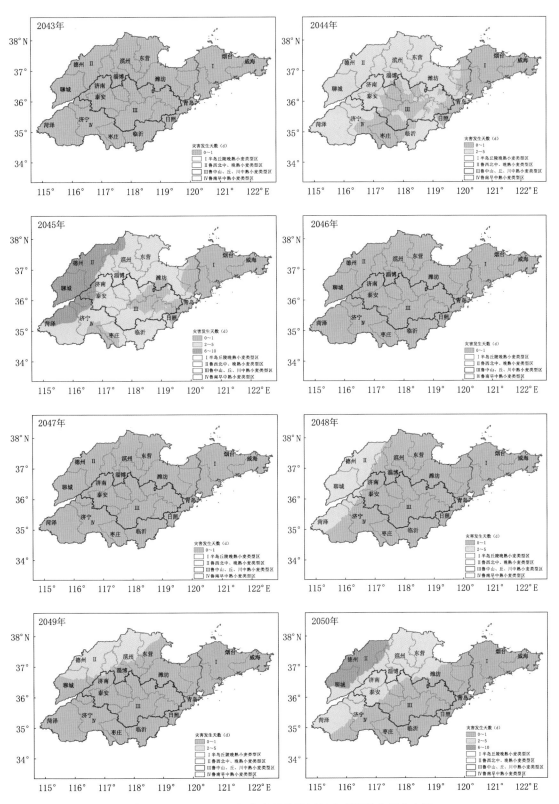

图 3-28　2021—2050 年中度干热风逐年出现天数空间分布图

2. RCP8.5 情景下空间分布规律

(1)每 10 年平均空间分布规律

2011—2050 年每 10 年平均中度干热风出现 1 d 以上的区域在 2021 年前后变化较大,但 2021—2050 年整体变化不大。21 世纪第 2 个 10 年主要出现在鲁西北东部、鲁中大部及鲁南东部,出现天数在 2～5 d(图 3-29,2011—2020 年);20 年代主要出现在鲁西北大部、鲁中西部和鲁南西部,出现天数在 2～5 d(图 3-29,2021—2030 年);30 年代出现主要出现在鲁西北、鲁南西部及鲁中西部地区,出现天数在 2～5 d(图 3-29,2031—2040 年);40 年代出现区域与 30 年代相比略有缩小,但分布情况基本一致,出现天数在 2～5 d(图 3-29,2041—2050 年)。

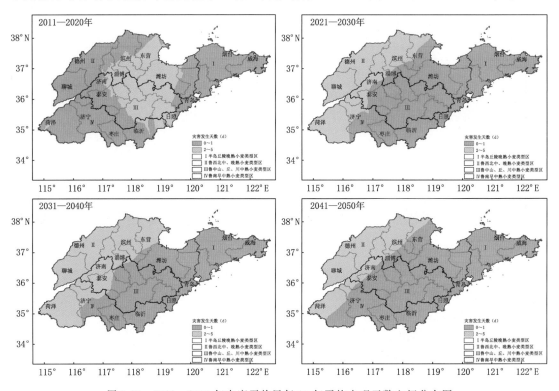

图 3-29　2011—2050 年中度干热风每 10 年平均出现天数空间分布图

(2)逐年空间分布规律

2021—2050 年冬小麦中度干热风逐年出现情况如图 3-30 所示。

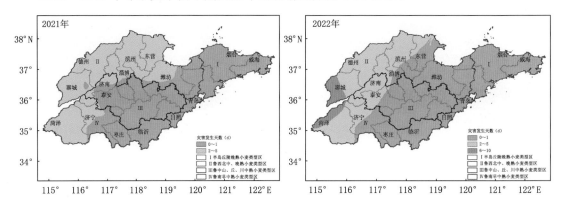

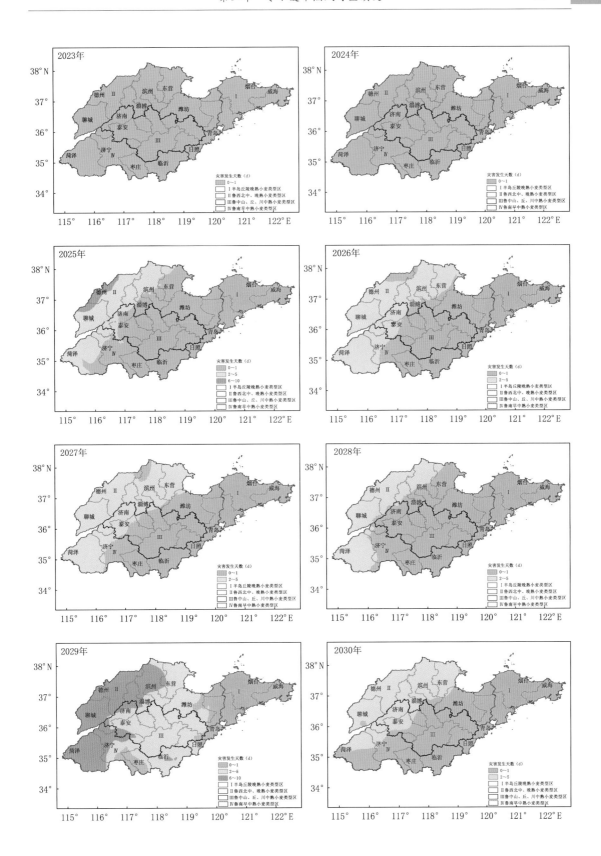

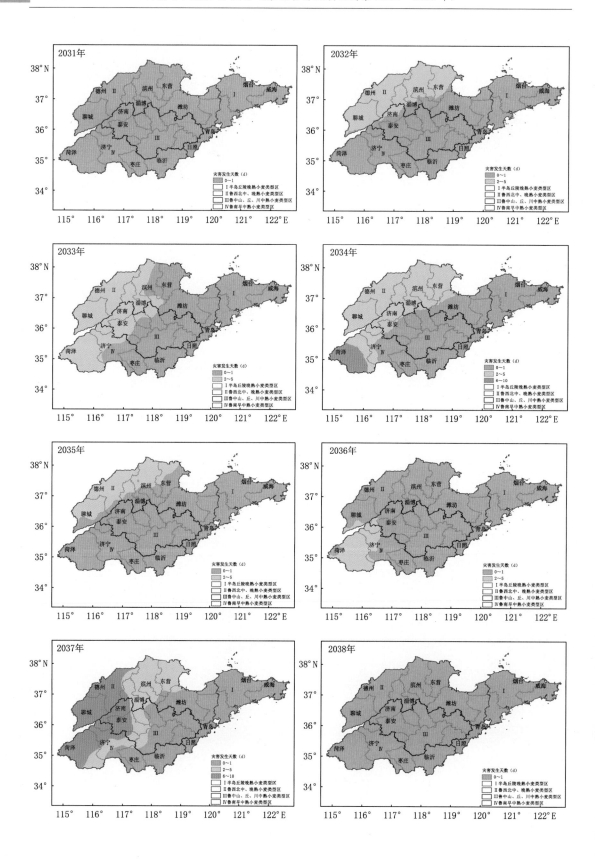

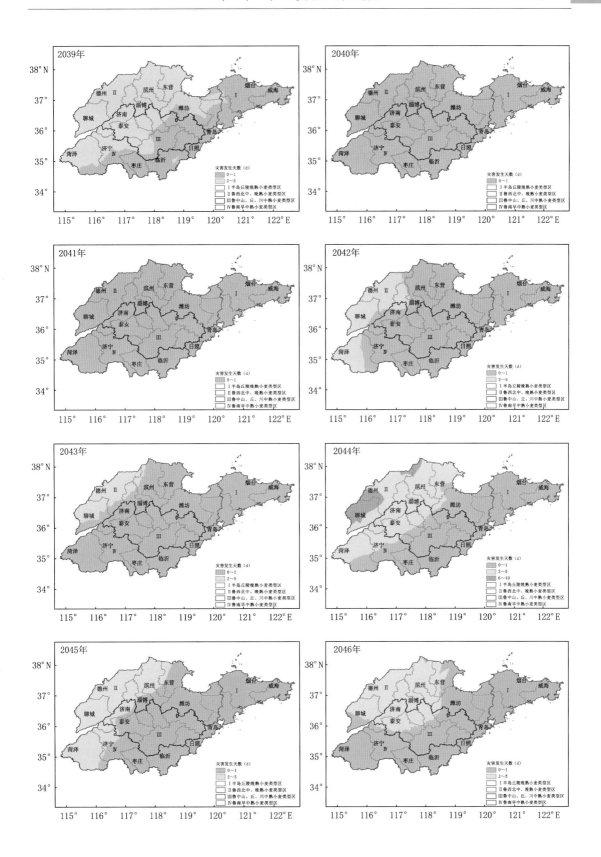

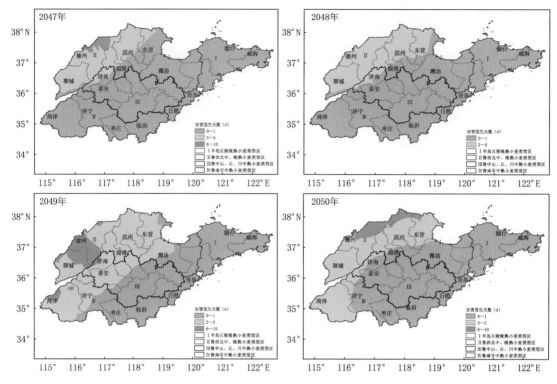

图 3-30　2021—2050 年中度干热风逐年出现天数空间分布图

第三节　重度干热风

一、1981—2020 年重度干热风变化规律

(一)时间变化规律

1. 全省变化规律

1981—2020 年冬小麦重度干热风的全省年平均出现天数在 0~1.5 d,呈现两端高、中间低的趋势;1981—1990 年均出现天数为 0.1 d,1991—2000 年平均出现天数为 0 d,2000—2010 年平均出现天数为 0.1 d,2011—2020 年平均出现天数为 0.3 d;2014 年出现天数最多,为 1.5 d(图 3-31)。

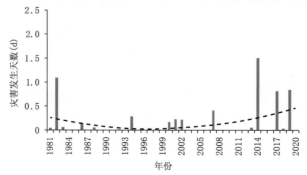

图 3-31　1981—2020 年重度干热风全省年平均出现天数变化规律

　　1981—2020 年冬小麦重度干热风各生态区的年平均出现天数的逐年变化趋势与全省平均变化趋势一致,均为先减少再增加。半岛类型区在 0~0.7 d,鲁西北类型区在 0~2.0 d,鲁中山、丘、川半冬性冬性中熟类型区在 0~2.0 d,鲁南早中熟小麦类型区在 0~1.2 d;半岛类型区 2019 年出现天数最多,为 0.7 d;鲁西北类型区和鲁中山、丘、川半冬性冬性中熟类型区 2014 年出现天数最多,均为 2.0 d;鲁南早中熟小麦类型区 2017 年出现天数最多,为 1.2 d(图 3-32)。

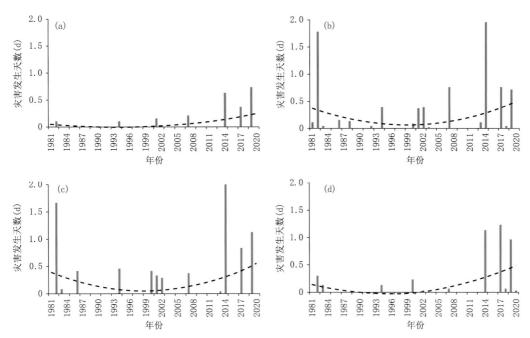

图 3-32　1981—2020 年半岛类型区(a),鲁西北类型区(b),鲁中山、丘、川半冬性冬性中熟类型区(c),鲁南早中熟小麦类型区(d)重度干热风年平均变化规律

　　2. 出现区域的出现天数变化规律

　　1981—2020 年冬小麦重度干热风出现区域的年平均出现天数在 0~2.2 d,呈现两端高、中间低的趋势;1981—1990 年平均出现天数为 0.7 d,1991—2000 年平均出现天数为 0.3 d,2001—2010 年平均出现天数为 0.5 d,2011—2020 年重干热风平均出现天数有所增加,为 0.8 d;1982 年出现天数最多,为 2.2 d(图 3-33)。

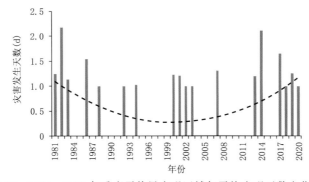

图 3-33　1981—2020 年重度干热风出现区域年平均出现天数变化规律

(二)空间分布规律

1981—2020年,前30年重度干热风平均出现天数均在0～1 d(图3-34,1981—1990年、1991—2000年、2001—2010年);2011年以来,重度干热风平均出现天数在1 d以上的区域明显增加,主要集中在鲁西北中东部、鲁中北部以及鲁南西部部分地区(图3-34,2011—2020年)。

冬小麦种植区域重度干热风出现情况表现为:1981—1990年、1991—2000年、2001—2010年全省出现天数均在1 d以下;2011—2020年鲁西北类型区中东部,鲁中山、丘、川半冬性冬性中熟类型区北部,以及鲁南早中熟小麦类型区西部,出现天数在2～5 d(图3-34)。

1981—2020年冬小麦重度干热风逐年出现情况如图3-35所示。

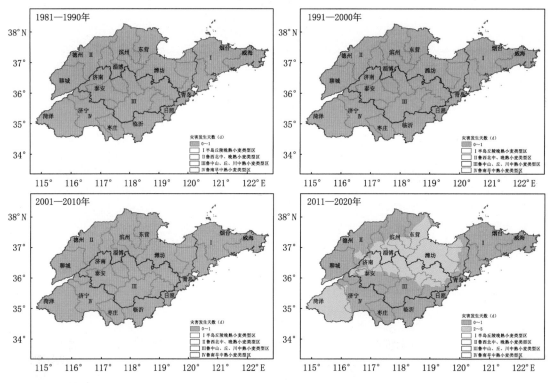

图3-34　1981—2020年重度干热风每10年平均出现天数空间分布图

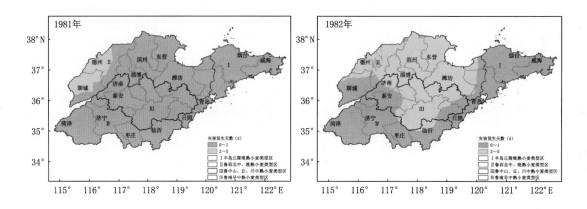

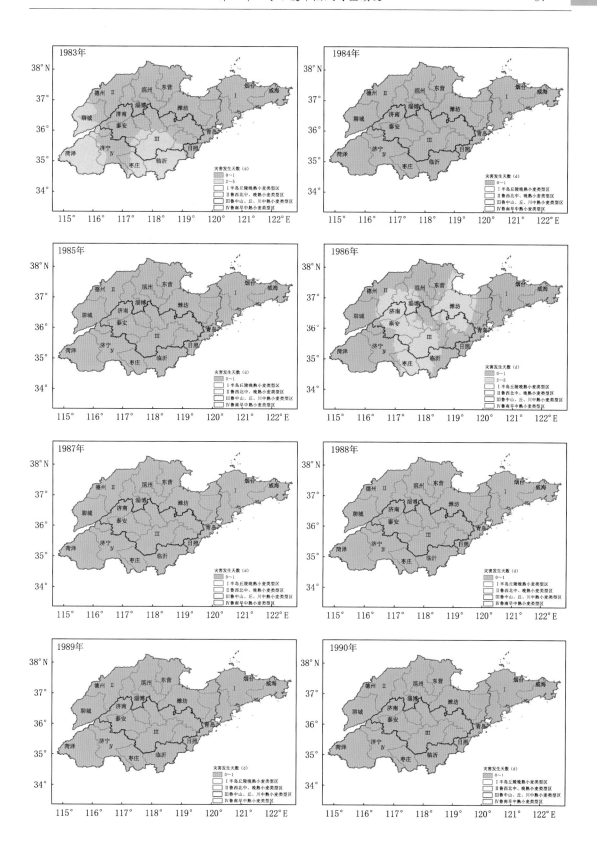

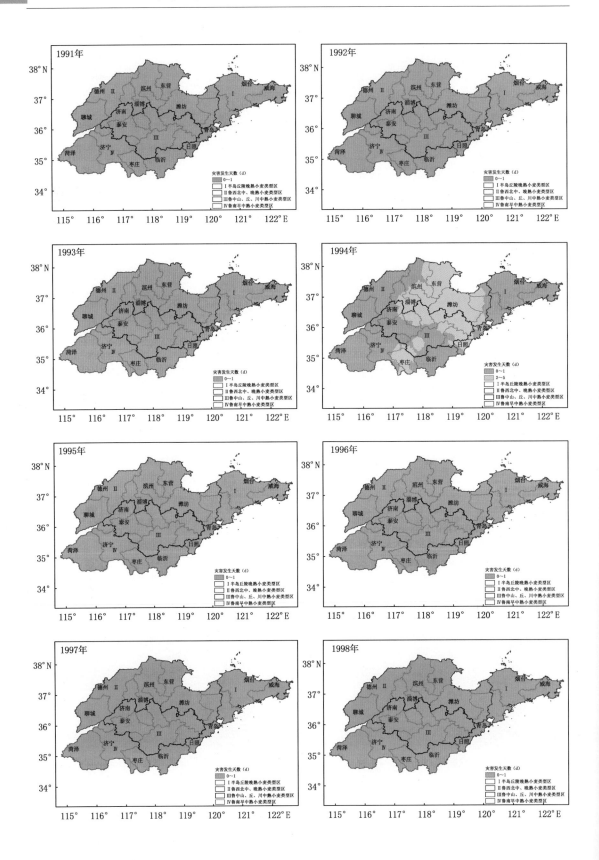

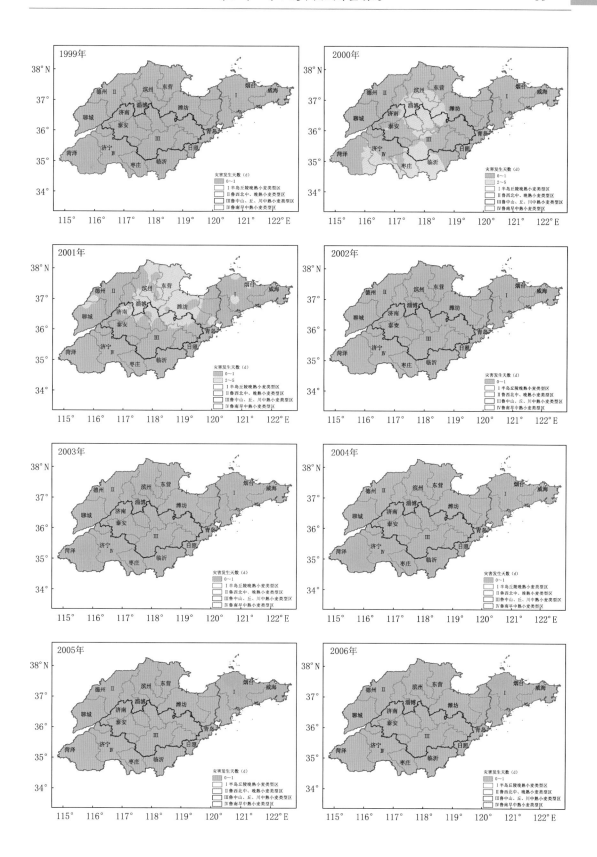

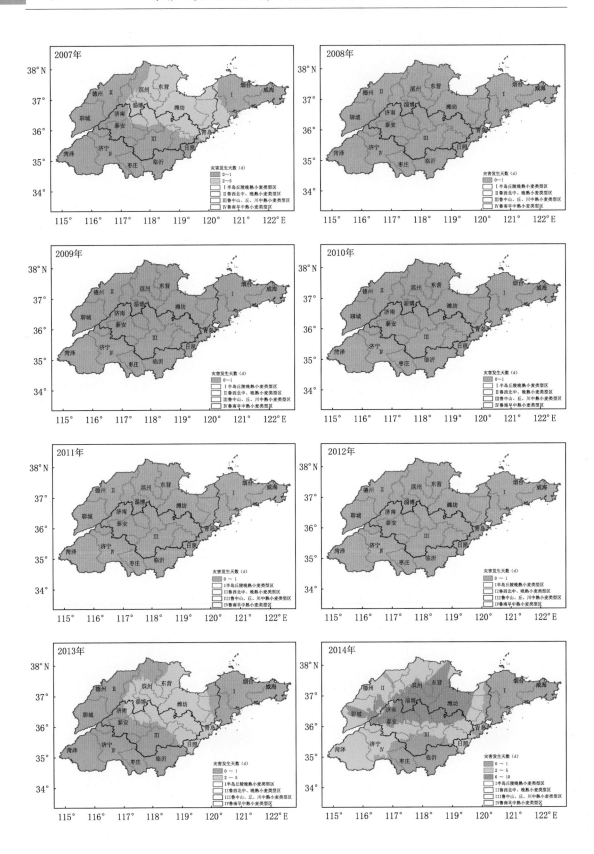

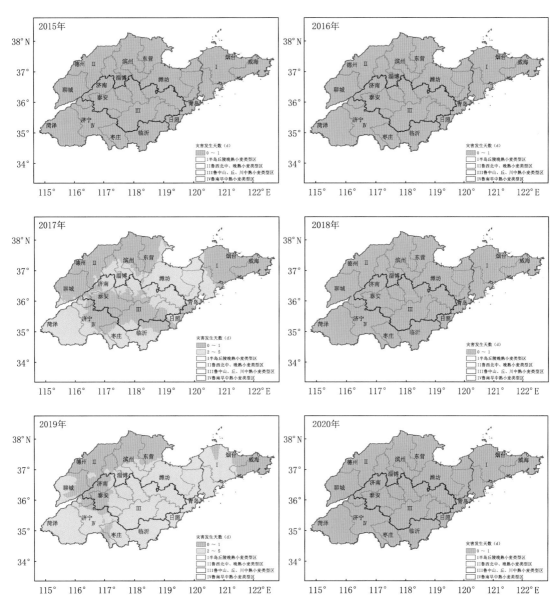

图 3-35　1981—2020 年重度干热风逐年出现天数空间分布图

二、2021—2050 年重度干热风变化规律预估

(一)时间分布规律

1. RCP4.5 情景下时间变化规律

(1)全省变化规律

2021—2050 年 RCP4.5 情景下冬小麦重度干热风的全省年平均出现天数在 0～2.9 d,年际间变化趋势并不十分明显;2021—2030 年平均出现天数为 1.6 d,2031—2040 年平均出现天数为 1.0 d,2041—2050 年平均出现天数为 1.8 d;2029 年出现天数最多,为 2.9 d(图3-36)。

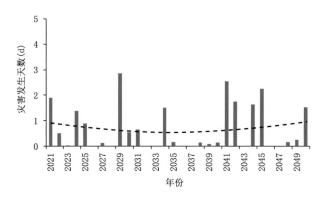

图 3-36　2021—2050 年重度干热风全省年平均出现天数变化规律

2021—2050 年 RCP4.5 情景下冬小麦重度干热风各生态区的年平均出现天数的逐年变化趋势不同,半岛类型区呈现先增加再减少的趋势,鲁西北类型区呈现先减少再增加的趋势,鲁中山、丘、川半冬性冬性中熟类型区及鲁南早中熟小麦类型区呈现逐渐减少的趋势。半岛类型区冬小麦重度干热风平均出现天数为 0~0.8 d,鲁西北类型区为 0~4.3 d,鲁中山、丘、川半冬性冬性中熟类型区为 0~2.9 d,鲁南早中熟小麦类型区为 0~2.9 d;半岛类型区 2041 年出现天数最多为 0.8 d,鲁西北类型区 2042 年出现天数最多为 4.3 d,鲁中山、丘、川半冬性冬性中熟类型区和鲁南早中熟小麦类型区 2029 年出现天数最多,均为 2.9 d(图 3-37)。

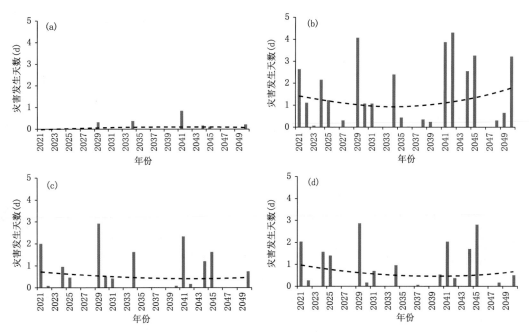

图 3-37　2021—2050 年半岛类型区(a),鲁西北类型区(b),鲁中山、丘、川半冬性冬性中熟类型区(c),
鲁南早中熟小麦类型区(d)重度干热风年平均变化规律

(2)出现区域的出现天数变化规律

2021—2050 年 RCP4.5 情景下冬小麦重度干热风出现区域的年平均出现天数在 0~4.8 d,呈现先减少再增加的趋势;2021—2030 年平均出现天数为 1.6 d,2031—2040 年,出现天数为

1.0 d,2041—2050 年,出现天数为 1.8 d,2042 年出现天数最多为 4.8 d(图 3-38)。

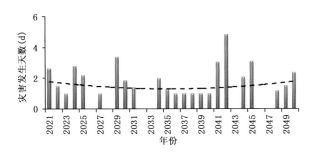

图 3-38　2021—2050 年重度干热风出现区域年平均出现天数变化规律

2. RCP8.5 情景下时间变化规律

(1)全省变化规律

2021—2050 年 RCP8.5 情景下冬小麦重度干热风的全省年平均出现天数在 0~3.2 d,呈现先减少再增加的趋势;2021—2030 年平均出现天数为 1.0 d,2031—2040 年平均出现天数为 0.8 d,2041—2050 年平均出现天数为 0.7 d;2029 年出现天数最多,为 3.2 d(图 3-39)。

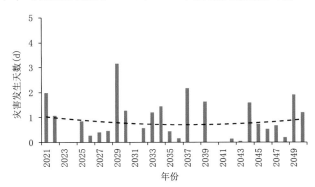

图 3-39　2021—2050 年重度干热风全省年平均出现天数变化规律

2021—2050 年 RCP8.5 情景下冬小麦重度干热风各生态区的年平均出现天数的逐年变化趋势分别为:半岛类型区,鲁中山、丘、川半冬性冬性中熟类型区,鲁南早中熟小麦类型区均呈现逐渐减少的趋势;鲁西北类型区呈现先减少再增加的趋势。半岛类型区在 0~0.6 d,鲁西北类型区在 0~4.0 d,鲁中山、丘、川半冬性冬性中熟类型区在 0~3.1 d,鲁南早中熟小麦类型区在 0~4.2 d;半岛类型区 2034 年出现天数最多为 0.6 d;鲁西北类型区 2029 年出现天数最多为 4.0 d;鲁中山、丘、川半冬性冬性中熟类型区 2029 年出现天数最多为 3.1 d;鲁南早中熟小麦类型区 2029 年出现天数最多为 4.2 d(图 3-40)。

(2)出现区域的出现天数变化规律

2021—2050 年 RCP8.5 情景下冬小麦重度干热风出现区域的年平均出现天数在 0~4.3 d,呈现不断增加的的趋势;2021—2030 年平均出现天数为 1.8 d,2031—2040 年平均出现天数为 1.7 d,2041—2050 年,出现天数为 2.0 d;2029 年出现天数最多,为 4.3 d(图 3-41)。

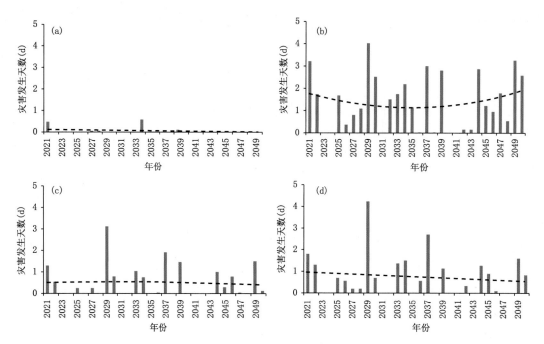

图 3-40　2021—2050 年半岛类型区(a),鲁西北类型区(b),鲁中山、丘、川半冬性冬性中熟类型区(c),
鲁南早中熟小麦类型区(d)重度干热风年平均变化规律

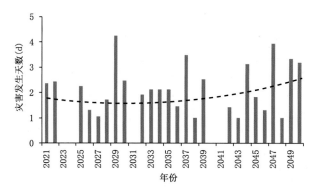

图 3-41　2021—2050 年重度干热风出现区域年平均出现天数变化规律

(二)空间分布规律

1. RCP4.5 情景下空间分布规律

(1)每 10 年平均空间分布规律

2011—2050 年每 10 年平均重度干热风出现 1 d 以上的区域在 2021 年前后变化大, 2021—2050 年变化不大。21 世纪第 2 个 10 年主要出现在鲁西北的东南部、鲁中大部及鲁南西部,出现天数在 2～5 d(图 3-42,2011—2020 年);20 年代主要出现在鲁西北大部、鲁中西部和鲁南西部,出现天数在 2～5 d(图 3-42,2021—2030 年);30 年代较 20 年代重度干热风出现 1 d 以上的区域基本一致,但范围略有缩小,主要出现在鲁西北大部、鲁南西部及鲁中局部,出现天数在 2～5 d(图 3-42,2031—2040 年);40 年代度干热风出现 1 d 以上的区域继续缩小,缩小的区域主要在鲁南西部地区(图 3-42,2041—2050 年)。

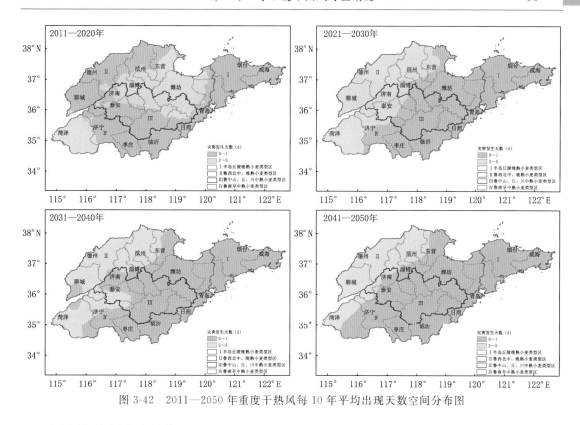

图 3-42 2011—2050 年重度干热风每 10 年平均出现天数空间分布图

(2)逐年空间分布规律

2021—2050 年冬小麦重度干热风逐年出现情况如图 3-43 所示。

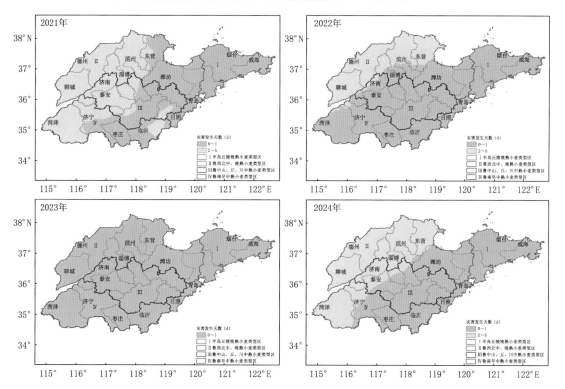

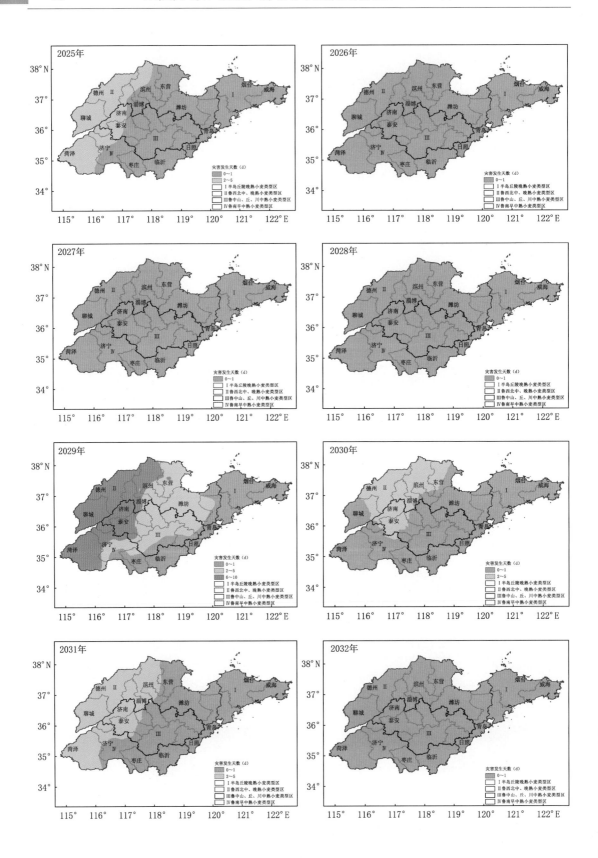

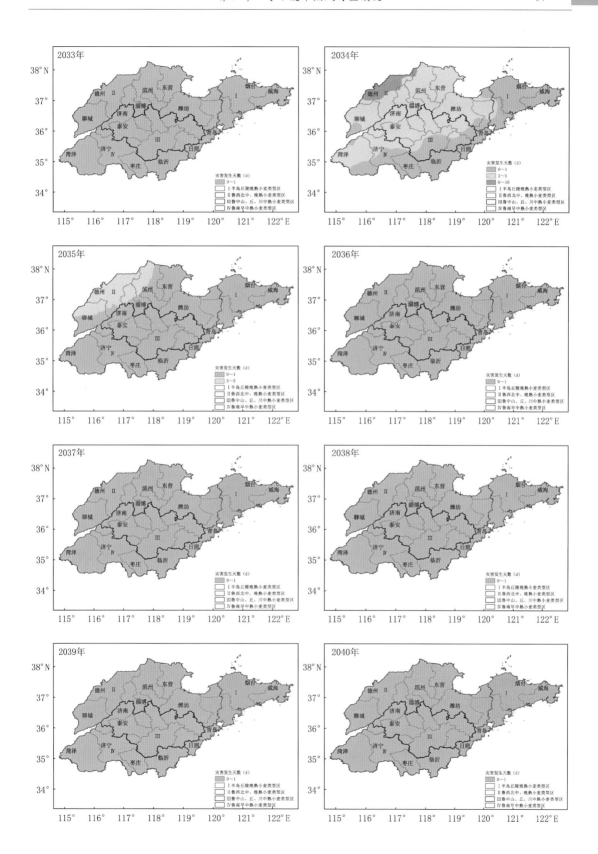

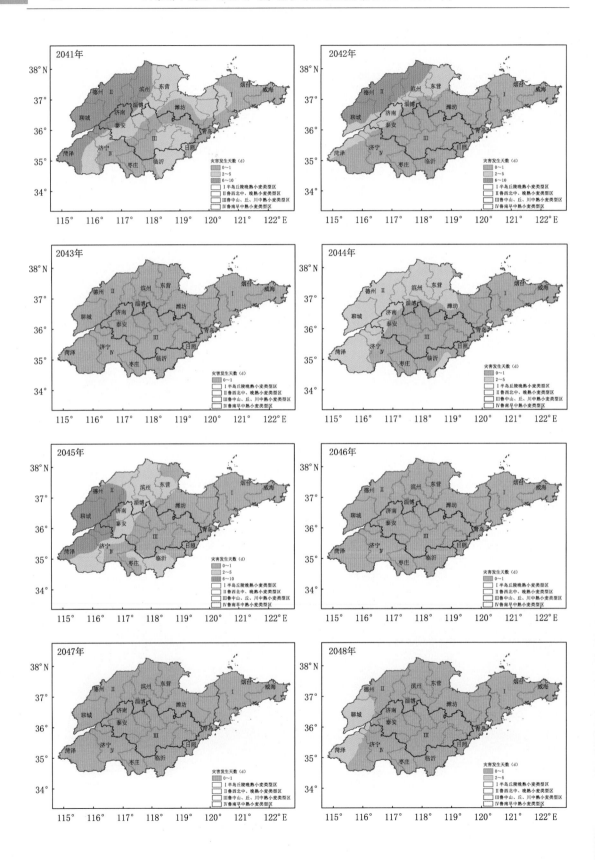

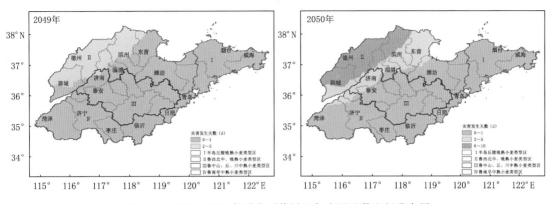

图 3-43　2021—2050 年重度干热风逐年出现天数空间分布图

2. RCP8.5 情景下空间分布规律

(1)每 10 年平均空间分布规律

2011—2050 年每 10 年平均重度干热风出现 1 d 以上的区域整体趋势与 RCP4.5 情景相一致,即在 2021 年前后变化较大,2021　2050 年变化不大;21 世纪第 2 个 10 年主要出现在鲁西北的东南部、鲁中的中东部以及鲁南西部,出现天数在 2～5 d(图 3-44,2011—2020 年);20年代主要出现在鲁西北大部、鲁中的西北部以及鲁南西部,平均出现天数在 2～5 d(图 3-44,2021—2030 年);30 年代出现主要出现在鲁西北、鲁中西部及鲁南西部地区(图 3-44,2031—2040 年);40 年代出现区域与 30 年代基本一致,但鲁中西部及鲁南西部地区略有缩小(图3-44,2041—2050 年)。

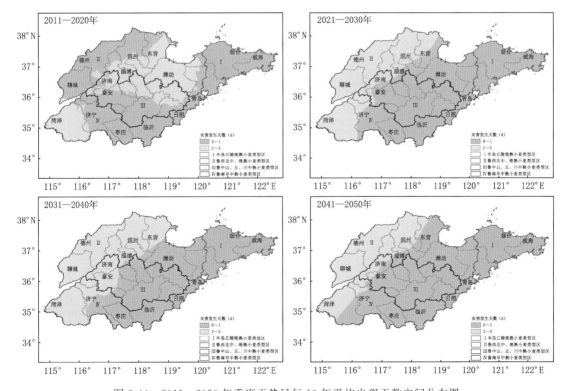

图 3-44　2011—2050 年重度干热风每 10 年平均出现天数空间分布图

（2）逐年空间分布规律

2021—2050年冬小麦重度干热风逐年出现情况如图3-45所示。

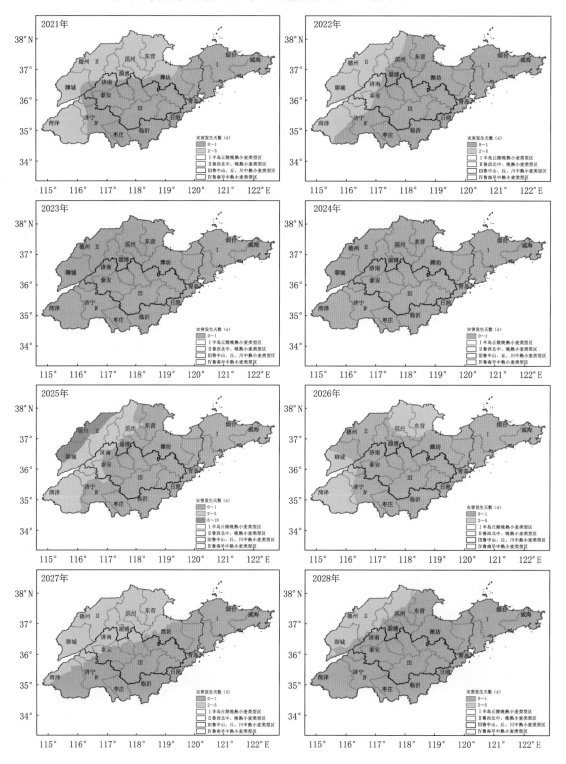

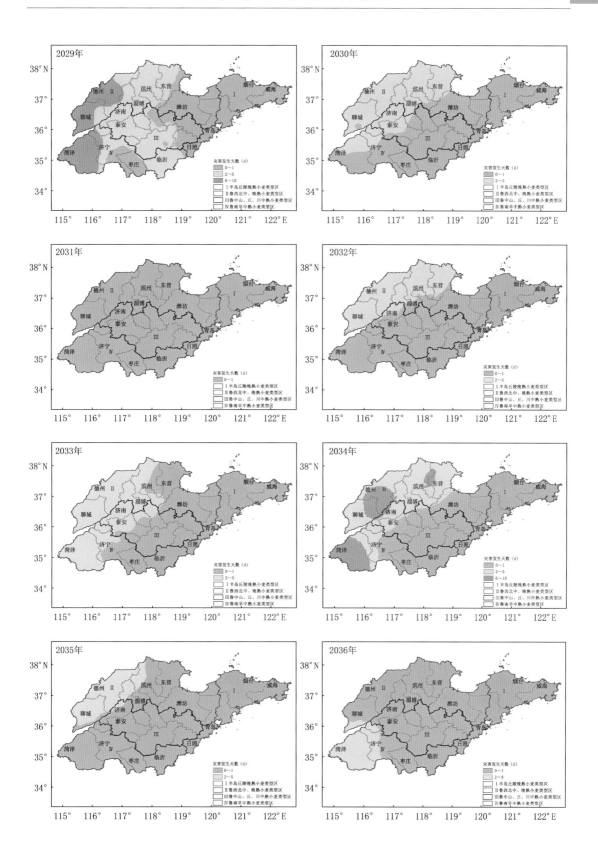

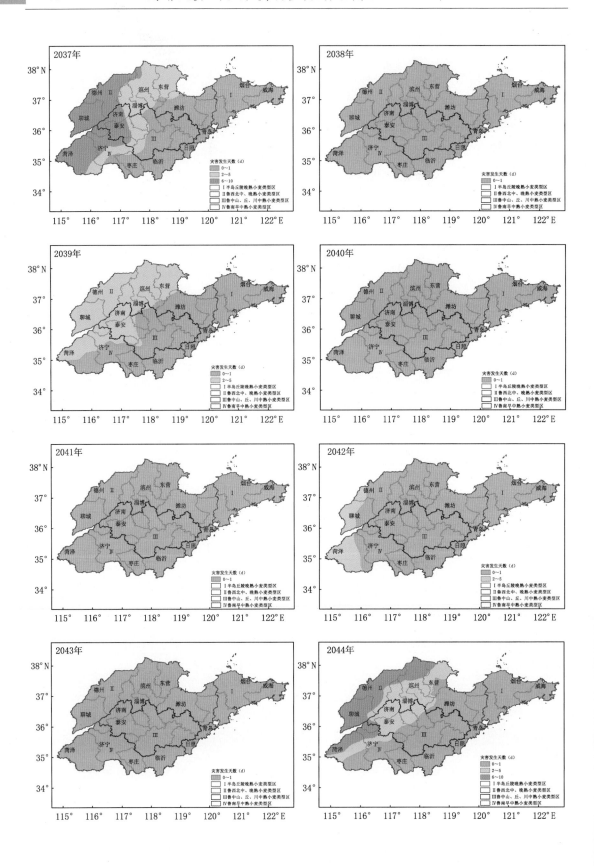

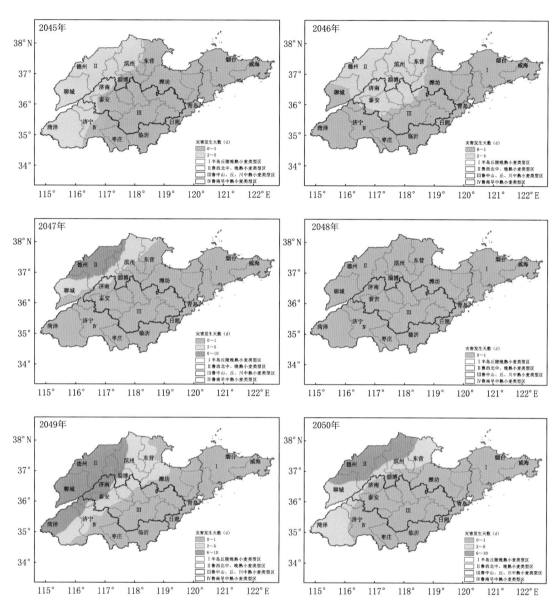

图 3-45　2021—2050 年重度干热风逐年出现天数空间分布图

第四章　冬小麦倒春寒时空演变

第一节　轻度倒春寒

一、1981—2020 年冬小麦轻度倒春寒变化规律

(一)时间变化规律

1. 全省变化规律

1981—2020 年冬小麦轻度倒春寒的全省年平均出现天数在 0～0.6 d,呈现逐渐降低的趋势;1981—1990 年平均出现天数为 0.2 d,1991—2000 年平均出现天数为 0.1 d,2001—2010 年平均出现天数为 0.1 d,2011—2020 年平均出现天数为 0.1 d,1985 年出现天数最多,为 0.6 d(图 4-1)。

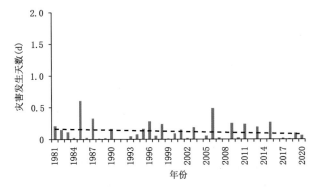

图 4-1　1981—2020 年轻度倒春寒全省年平均出现天数变化规律

1981—2020 年冬小麦轻度倒春寒各生态区的年平均出现天数的逐年变化趋势为:半岛丘陵晚熟小麦类型区为先降低再升高的趋势;鲁中山、丘、川中熟小麦类型区,鲁西北中、晚熟小麦类型区和鲁南早中熟小麦类型区为逐渐降低的趋势。半岛丘陵晚熟小麦类型区在 0～0.2 d,鲁西北中、晚熟小麦类型区在 0～0.8 d,鲁中山、丘、川中熟小麦类型区在 0～1.0 d,鲁南早中熟小麦类型区在 0～1.0 d;半岛丘陵晚熟小麦类型区 2013 年出现天数最多为 0.2 d,鲁西北中、晚熟小麦类型区 2006 年出现天数最多为 0.8 d,鲁中山、丘、川中熟小麦类型区和鲁南早中熟小麦类型区 1985 年出现天数最多,均为 1.0 d(图 4-2)。

2. 出现区域的出现天数变化规律

1981—2020 年冬小麦轻度倒春寒出现区域的年平均出现天数在 1.0～2.0 d,呈现逐渐降低又略升高的趋势;1981—1990 年平均出现天数为 1.2 d,1991—2000 年平均出现天数为 1.3 d,2001—2010 年平均出现天数为 1.1 d,2011—2020 年平均出现天数为 1.3 d;2017 年最多为 2.0 d(图 4-3)。

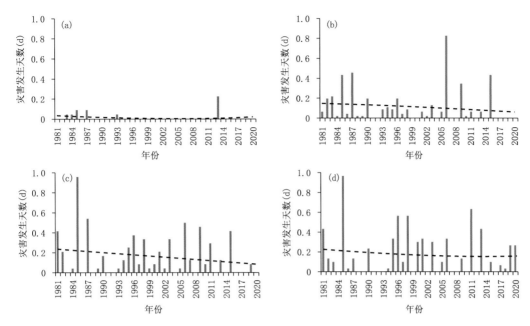

图 4-2　1981—2020 年半岛丘陵晚熟小麦类型区(a)，鲁西北中、晚熟小麦类型区(b)，
鲁中山、丘、川中熟小麦类型区(c)，鲁南早中熟小麦类型区(d)倒春寒年平均变化规律

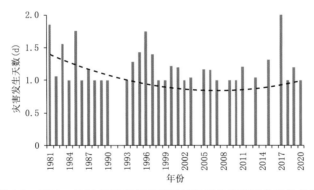

图 4-3　1981—2020 年倒春寒出现区域年平均出现天数变化规律

（二）空间分布规律

1981—2020 冬小麦倒春寒出现 1 d 以上区域呈现后扩大后缩小的趋势。20 世纪 80 年代主要出现在鲁西北西部、鲁中中西部、鲁南中部地区（图 4-4，1981—1990 年）；90 年代向西南发展，主要出现在鲁西北大部、鲁中大部及鲁南西部地区，出现区域明显扩大（图 4-4，1991—2000 年）；进入 21 世纪前 10 年，出现区域进一步向东南方向扩大，主要出现在鲁西北、鲁中以及鲁南的大部地区（图 4-4，2001—2010 年）；2011 年以来出现区域再次缩小，主要集中在鲁西北中部、鲁中西部及鲁南西部（图 4-4，2011—2020 年）。

冬小麦种植区域倒春寒出现情况表现为：1981—1990 年鲁西北中、晚熟小麦类型区的西部，鲁中山、丘、川中熟小麦类型区西部，鲁南早中熟小麦类型区西部出现天数为 1 d，其他地区未出现（图 4-4，1981—1990 年）；1991—2000 年鲁西北中、晚熟小麦类型区中西部，鲁中山、丘、川中熟小麦类型区大部，鲁南早中熟小麦类型区的中西部出现天数为 1 d，其他地区未出现

(图 4-4,1991—2000 年);2001—2010 年鲁西北中、晚熟小麦类型区大部,鲁中山、丘、川中熟小麦类型区大部,鲁南早中熟小麦类型区西部出现天数为 1 d,其他地区未出现(图 4-4,2001—2010 年);2011—2020 年鲁西北中、晚熟小麦类型区中部,鲁中山、丘、川中熟小麦类型区西部,鲁南早中熟小麦类型区西部出现天数为 1 d,其他地区未出现(图 4-4,2011—2020 年)。

1981—2020 冬小麦轻度倒春寒逐年出现情况如图 4-5 所示。

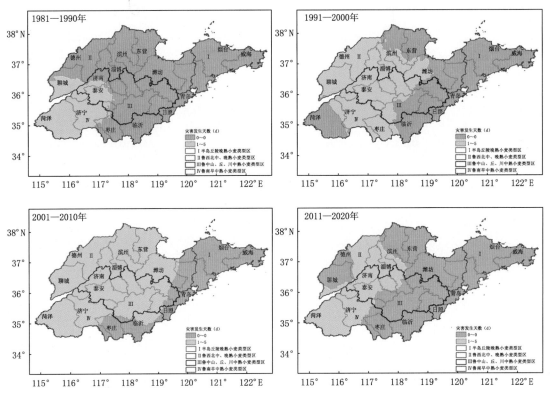

图 4-4　1981—2020 倒春寒每 10 年平均出现天数空间分布图

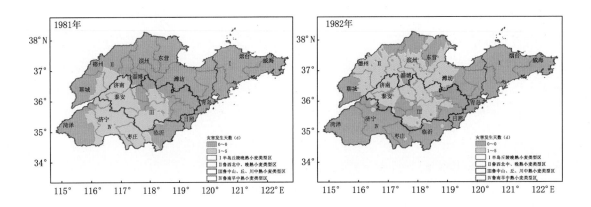

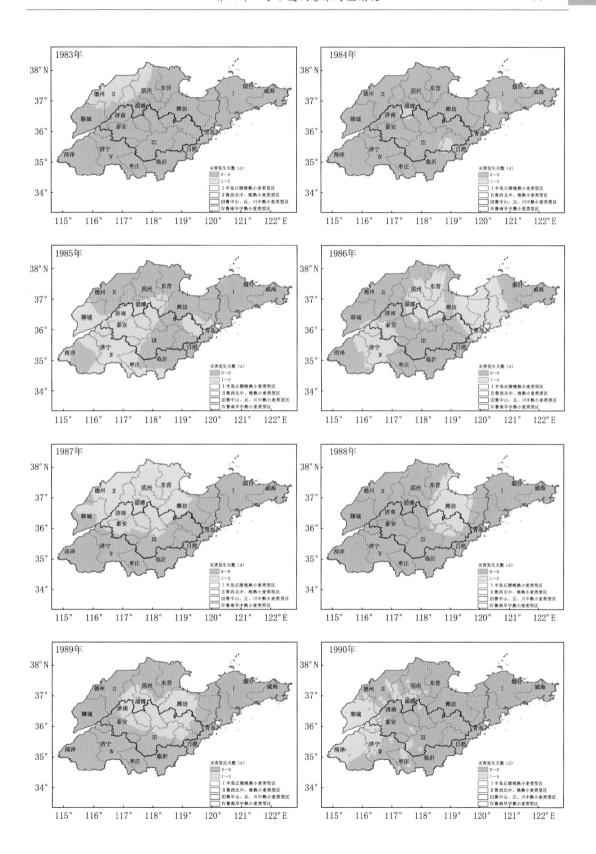

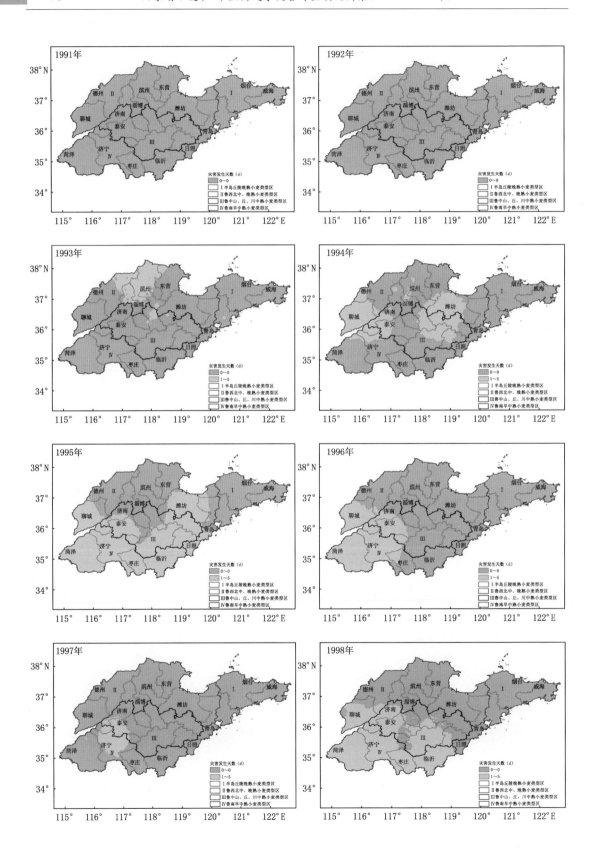

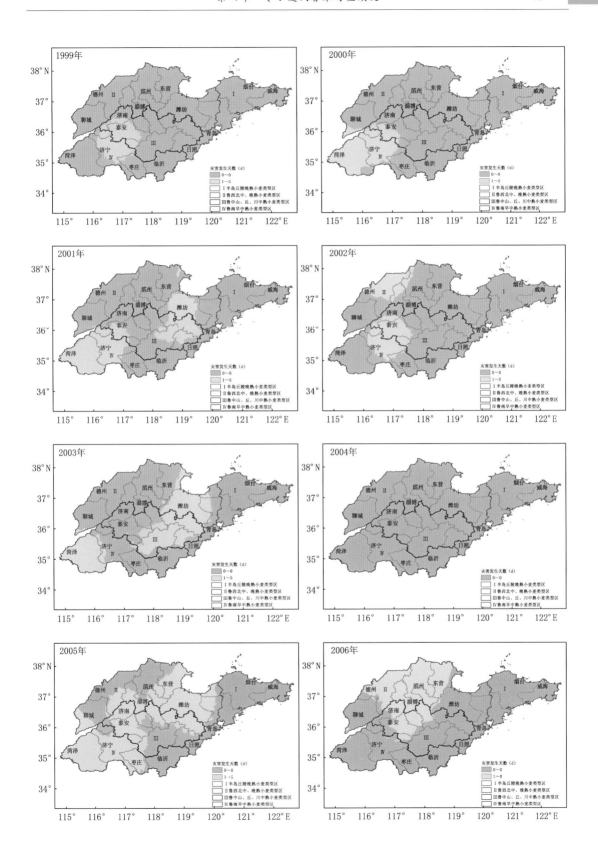

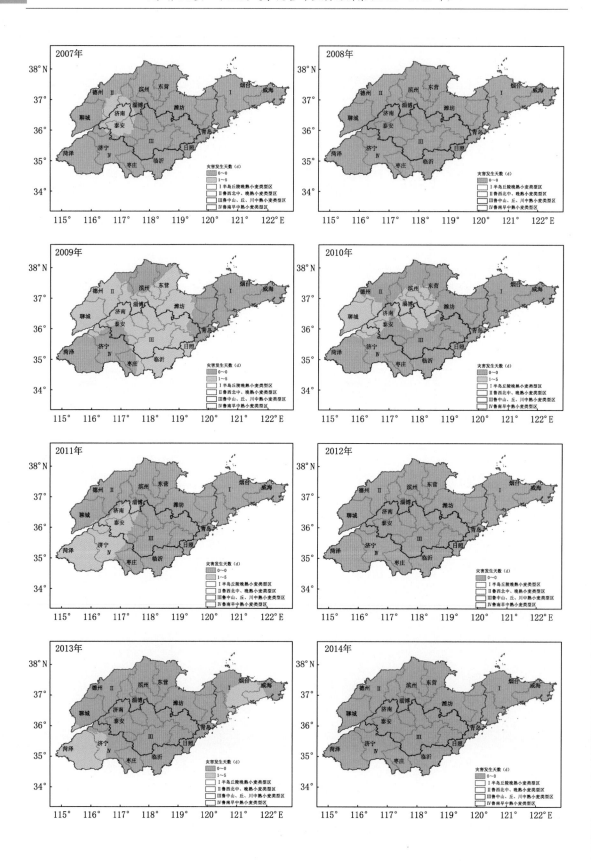

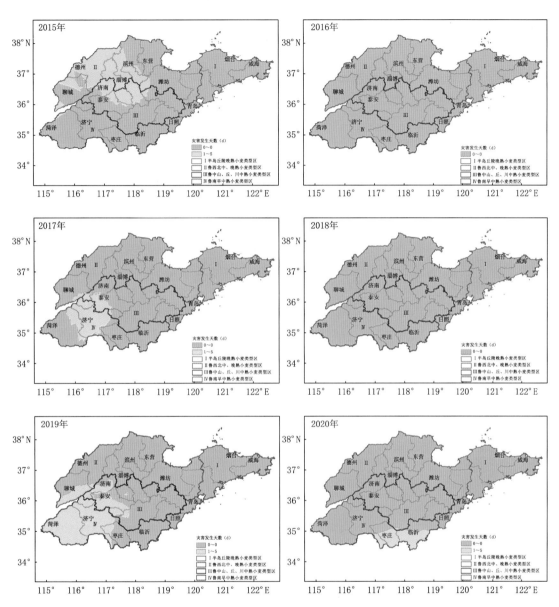

图 4-5　1981—2020 年轻度倒春寒逐年出现天数空间分布图

二、2021—2050 年冬小麦轻度倒春寒变化规律预估

(一)时间变化规律

1. RCP4.5 情景下时间变化规律

(1)全省变化规律

2021—2050 年 RCP4.5 情景下冬小麦轻度倒春寒的全省年平均出现天数在 0～1.6 d,部分年份未出现,呈现两端低、中间高的趋势;2021—2030 年平均出现天数为 0.1 d,2031—2040 年平均出现天数为 0.2 d,2041—2050 年未出现,2036 年出现天数最多,为 1.6 d(图 4-6)。

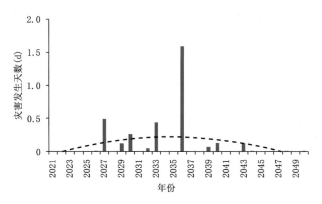

图 4-6　2021—2050 年轻度倒春寒全省年平均出现天数变化规律

2021—2050 年 RCP4.5 情景下冬小麦轻度倒春寒各生态区的年平均出现天数的逐年变化趋势与全省平均变化趋势一致,均呈现两端低、中间高的趋势。各生态区部分年份未出现。半岛丘陵晚熟小麦类型区在 0~0.7 d,鲁西北中、晚熟小麦类型区和鲁中山、丘、川中熟小麦类型区在 0~1.9 d,鲁南早中熟小麦类型区在 0~1.5 d;半岛丘陵晚熟小麦类型区,鲁西北中、晚熟小麦类型区,鲁中山、丘、川中熟小麦类型区,鲁南早中熟小麦类型区为 2036 年出现天数最多,分别为 0.7 d、1.9 d、1.9 d、1.5 d(图 4-7)。

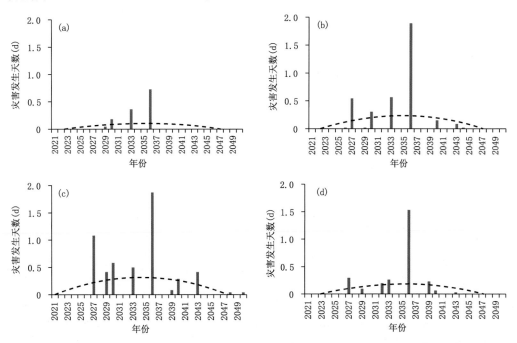

图 4-7　2021—2050 年半岛丘陵晚熟小麦类型区(a),鲁西北中、晚熟小麦类型区(b),
鲁中山、丘、川中熟小麦类型区(c),鲁南早中熟小麦类型区(d)轻度倒春寒年平均变化规律

(2)出现区域的出现天数变化规律

2021—2050 年 RCP4.5 情景下冬小麦轻度倒春寒出现区域的年平均出现天数在 0~1.8 d,呈现两端低、中间高的趋势;2021—2030 年平均出现天数为 0.5 d,2031—2040 年平均出现天

数为 0.6 d,2041—2050 年平均出现天数为 0.4 d,2036 年出现天数最多为 1.8 d(图 4-8)。

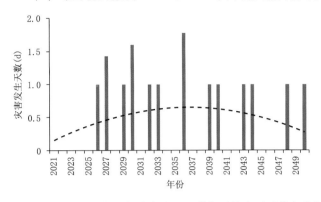

图 4-8 2021—2050 年轻度倒春寒出现区域年平均出现天数变化规律

2. RCP8.5 情景下时间变化规律

(1)全省变化规律

2021—2050 年 RCP8.5 情景下冬小麦轻度倒春寒的全省年平均出现天数在 0~0.7 d,呈现两端低、中间高的趋势。2021—2030 年平均年平均出现天数不足 0.1 d,2031—2040 年平均出现天数为 0.1 d,2041—2050 年平均出现天数为 0.1 d,2041 年出现天数最多为 0.7 d(图 4-9)。

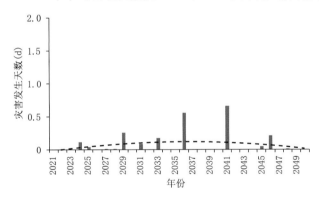

图 4-9 2021—2050 年轻度倒春寒全省年平均出现天数变化规律

2021—2050 年 RCP8.5 情景下冬小麦轻度倒春寒各生态区的年平均出现天数的逐年变化趋势与全省平均变化趋势一致,均为两端低、中间高的趋势。半岛丘陵晚熟小麦类型区在 0~0.2 d,鲁西北中、晚熟小麦类型区在 0~0.6 d,鲁中山、丘、川中熟小麦类型区在 0~1.3 d,鲁南早中熟小麦类型区在 0~1.3 d;半岛丘陵晚熟小麦类型区及鲁南早中熟小麦类型区为 2041 年出现天数最多,分别为 0.2 d、1.3 d,鲁西北中、晚熟小麦类型区及鲁中山、丘、川中熟小麦类型区为 2036 年出现天数最多,分别为 0.6 d、1.3 d(图 4-10)。

(2)出现区域的出现天数变化规律

2021—2050 年 RCP8.5 情景下冬小麦轻度倒春寒出现区域的年平均出现天数在 0~2.0 d,呈现逐渐降低的趋势;2021—2030 年平均出现天数为 0.6 d,2031—2040 年平均出现天数为 0.5 d,2041—2050 年平均为 0.4 d,2031 年出现天数最多,为 2.0 d(图 4-11)。

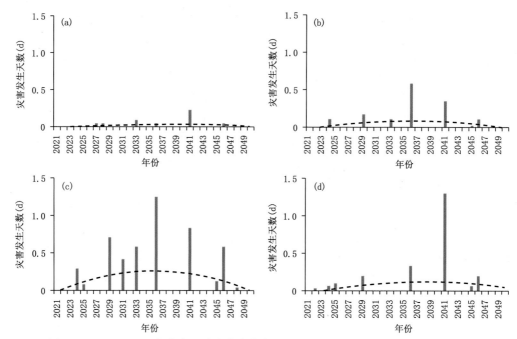

图 4-10　2021—2050 年半岛丘陵晚熟小麦类型区(a),鲁西北中、晚熟小麦类型区(b),
鲁中山、丘、川中熟小麦类型区(c),鲁南早中熟小麦类型区(d)倒春寒年平均变化规律

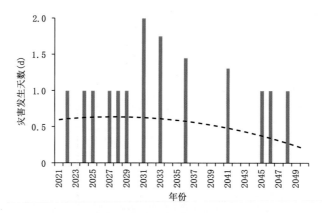

图 4-11　2021—2050 年轻度倒春寒出现区域年平均出现天数变化规律

(二)空间分布规律

1. RCP4.5 情景下空间分布规律

(1)每 10 年平均空间分布规律

2011—2050 年冬小麦轻度倒春寒每 10 年平均出现天数在 1 d 以上的区域呈现先扩大后缩小的趋势。21 世纪第 2 个 10 年主要出现在鲁西北中部、鲁中的中西部以及鲁南西部地区(图 4-12,2011—2020 年);20 年代向东偏移,主要出现在鲁西北东南部、鲁中大部及鲁南北部地区(图 4-12,2021—2030 年);30 年代出现区域与 20 年代相比区域明显扩大,主要出现在鲁西北中东部、鲁中大部、鲁南大部(图 4-12,2031—2040 年);40 年代出现区域再次缩小,主要出现在鲁西北南部、鲁中中部及鲁南北部(图 4-12,2041—2050 年)。

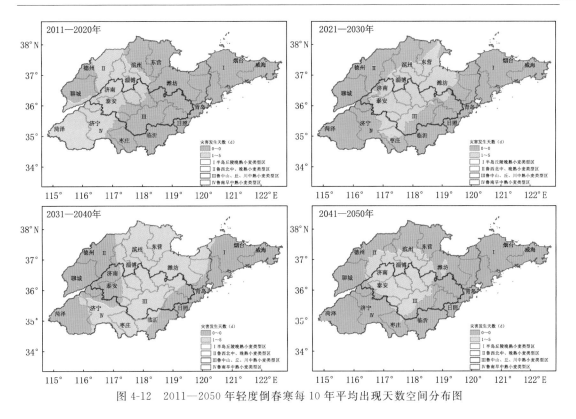

图 4-12 2011—2050 年轻度倒春寒每 10 年平均出现天数空间分布图

（2）逐年空间分布规律

2021—2050 年冬小麦轻度倒春寒逐年出现情况如图 4-13 所示。

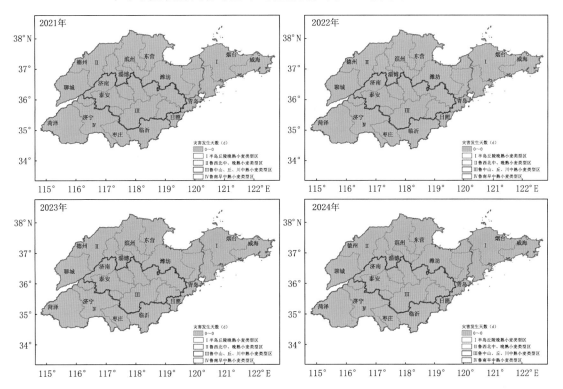

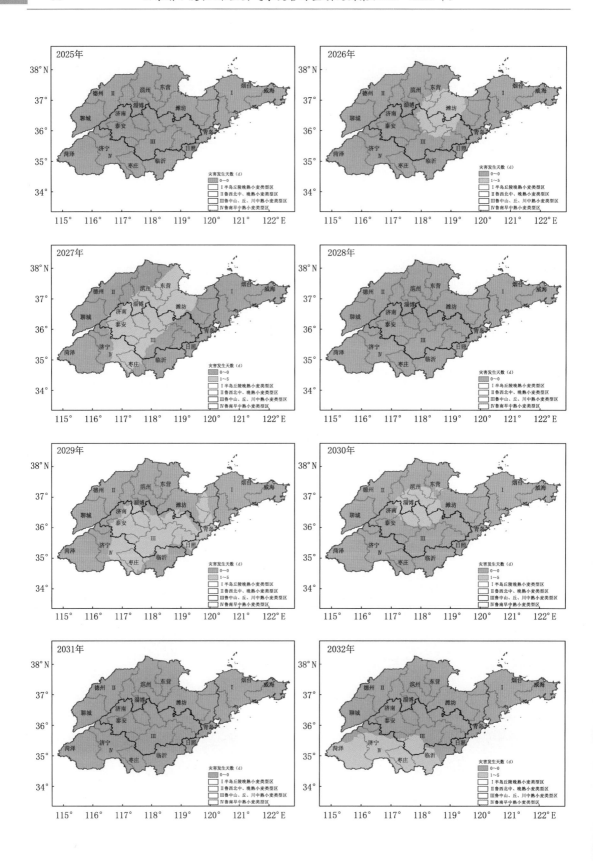

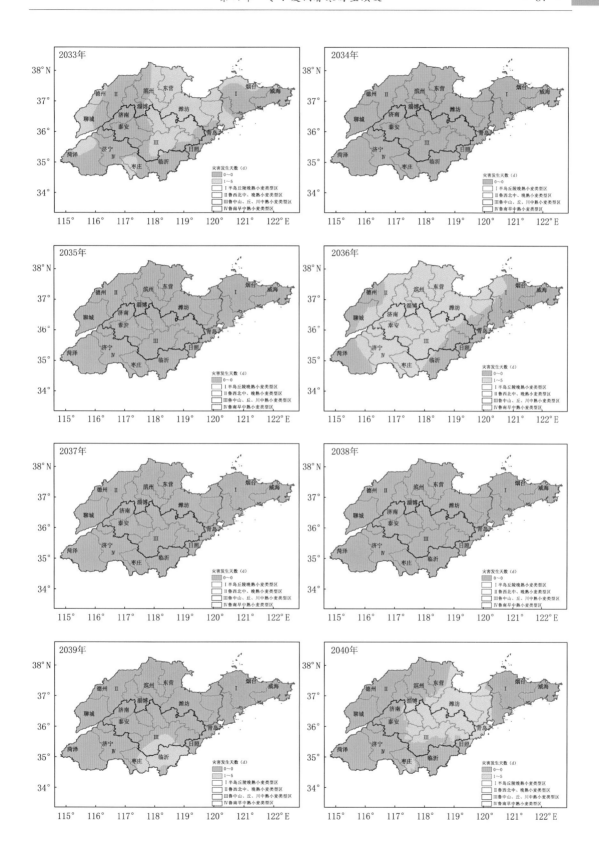

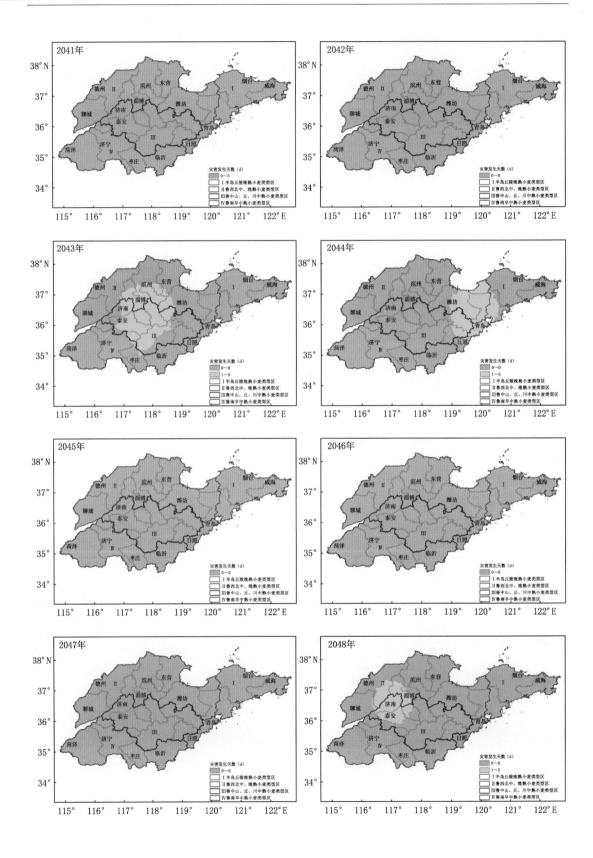

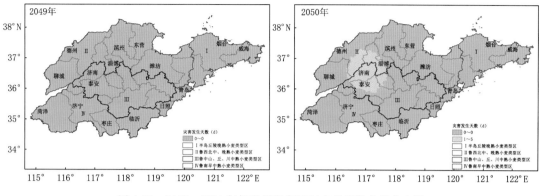

图 4-13　2021—2050 年轻度倒春寒逐年出现天数空间分布图

2. RCP8.5 情景下空间分布规律

(1)每 10 年平均空间分布规律

2011—2050 年冬小麦轻度倒春寒每 10 年平均出现 1 d 及以上的区域先向东再向南移动。21 世纪第 2 个 10 年主要出现在鲁西北中部、鲁中西部和鲁南西部地区(图 4-14,2011—2020 年);20 年代出现区域向东偏移,主要出现在鲁西北南部、鲁中大部和鲁南中部(图 4-14,2021—2030 年);30 年代与 20 年代出现区域相比略向东移动,范围有所减小,出现天数均为 1~5 d,主体体现在鲁中及鲁南地区范围缩小(图 4-14,2031—2040 年);40 年代与 30 年代相比,出现区域向西南偏移,主要出现在鲁中的西南部和鲁南大部分地区(图 4-14,2041—2050 年)。

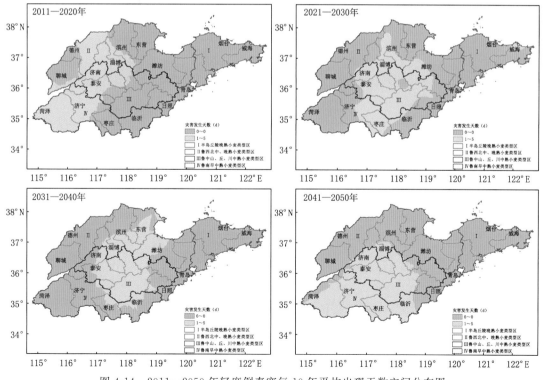

图 4-14　2011—2050 年轻度倒春寒每 10 年平均出现天数空间分布图

（2）逐年空间分布规律

2021—2050年冬小麦轻度倒春寒逐年出现情况如图4-15所示。

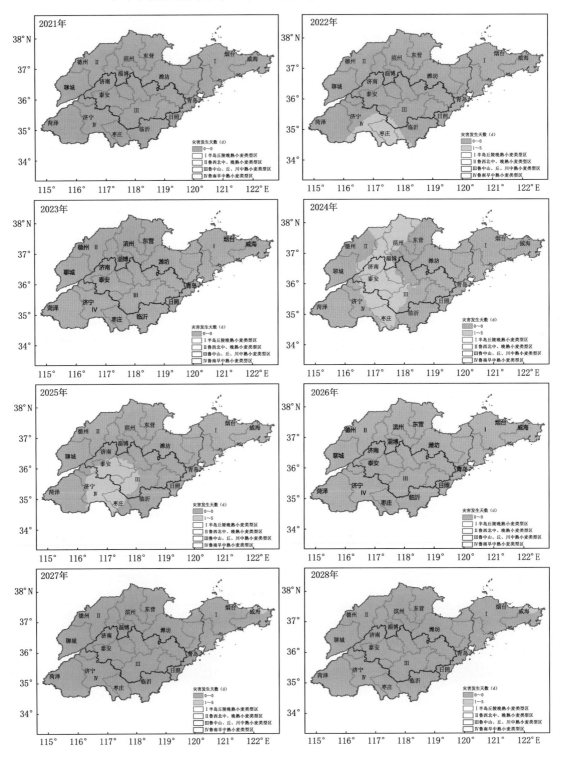

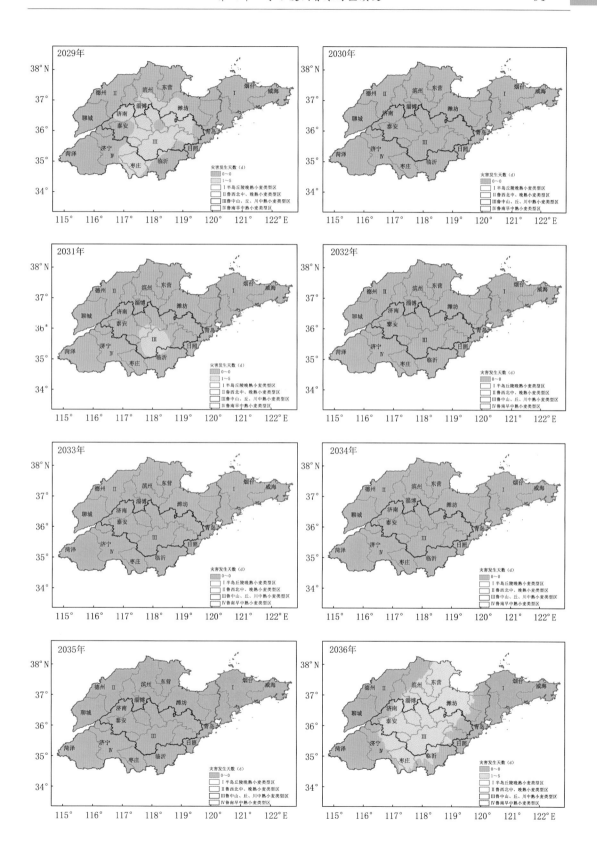

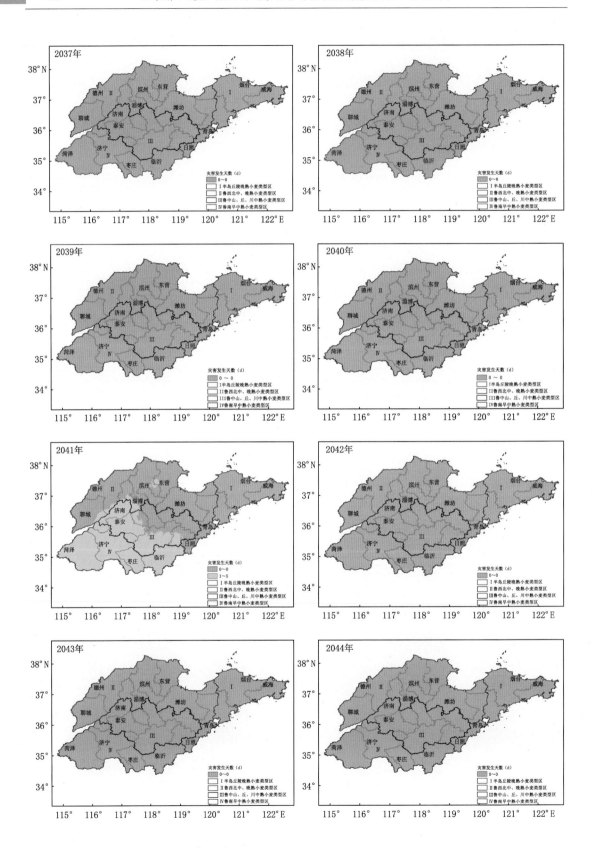

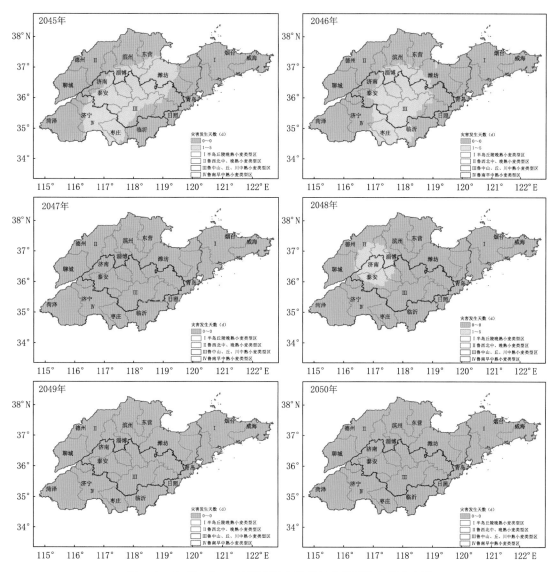

图 4-15 2021—2050 年轻度倒春寒逐年出现天数空间分布图

第二节 重度倒春寒

一、1981—2020 年重度倒春寒变化规律

(一)时间变化规律

1. 全省变化规律

1981—2020 年冬小麦重度倒春寒全省年平均出现天数,仅 2013 年出现天数为 0.02 d,其他年份未出现(图 4-16)。

1981—2020 年冬小麦重度倒春寒各生态区的年平均出现天数仅鲁南早中熟小麦类型区 2013 年出现天数为 0.07 d,其他生态区未出现(图 4-17)。

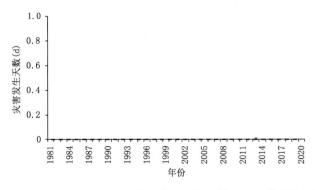

图 4-16　1981—2020 年重度倒春寒全省年平均出现天数变化规律

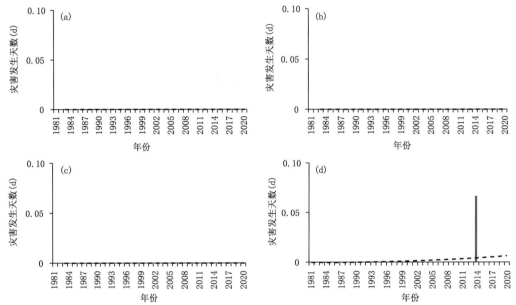

图 4-17　1981—2020 年半岛丘陵晚熟小麦类型区(a),鲁西北中、晚熟小麦类型区(b),
鲁中山、丘、川中熟小麦类型区(c),鲁南早中熟小麦类型区(d)重度倒春寒年平均变化规律

2. 出现区域的出现天数变化规律

1981—2020 年,仅 2013 年出现 1 d 冬小麦重度倒春寒,其他年份未出现(图 4-18)。

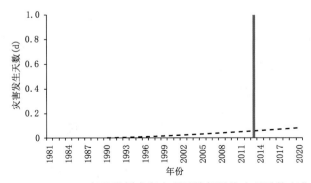

图 4-18　1981—2020 年重度倒春寒出现区域年平均出现天数变化规律

（二）空间分布规律

1981—2020 年,大部时段冬小麦种植区域重度倒春寒未出现(图 4-19,1981—1990 年、1991—2000 年,2001—2010 年),2011 年以来,出现天数在 1 d 及以上的区域主要是鲁南西南部,其他地区未出现(图 4-19,2011—2020 年)。

1981—2020 年冬小麦重度倒春寒逐年出现情况如图 4-20 所示。

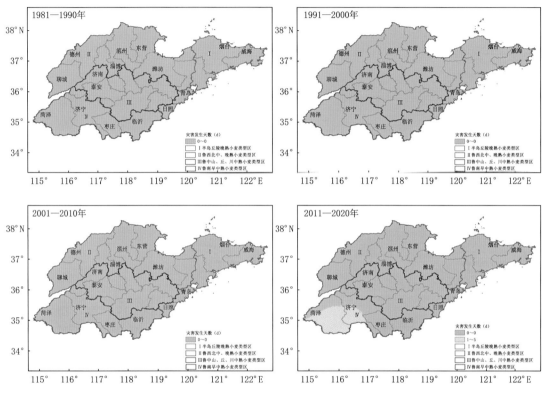

图 4-19　1981—2020 年重度倒春寒每 10 年平均出现天数空间分布图

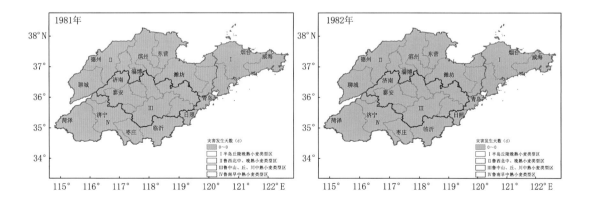

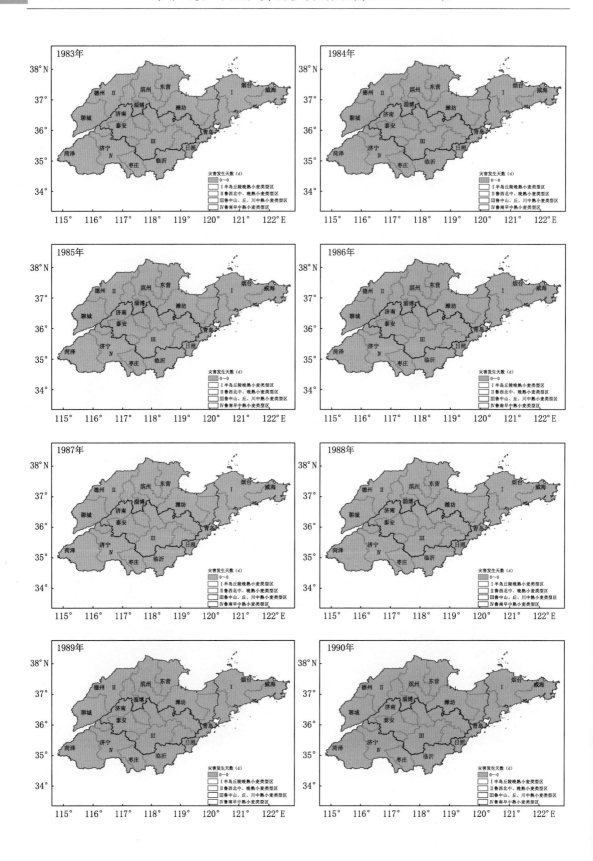

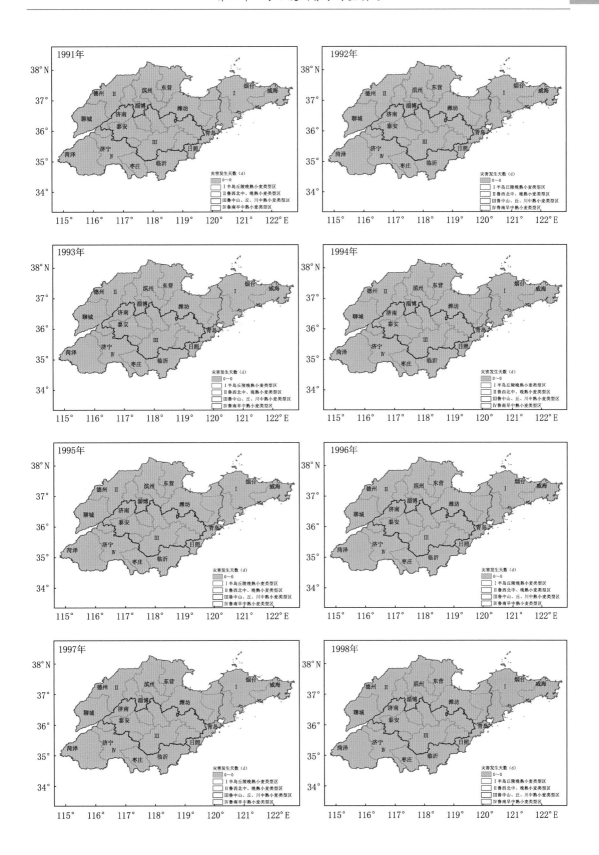

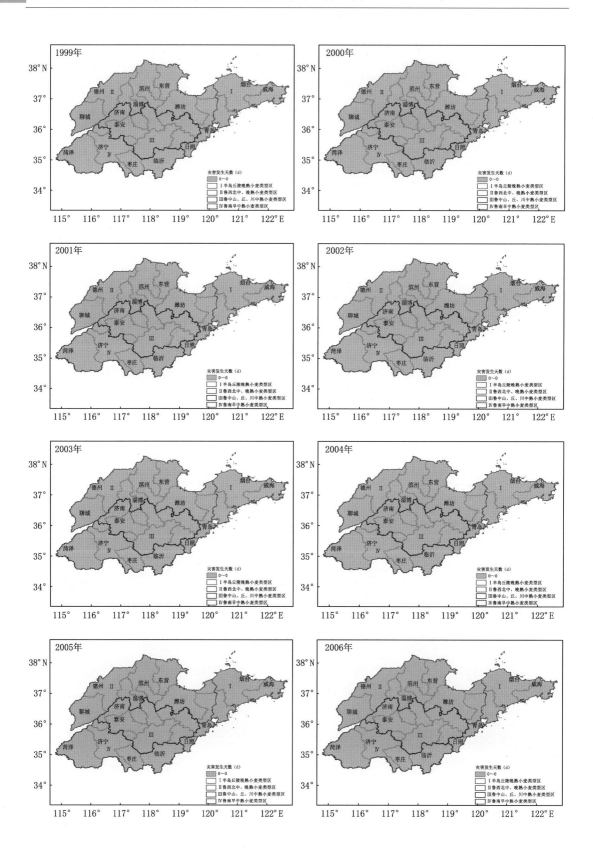

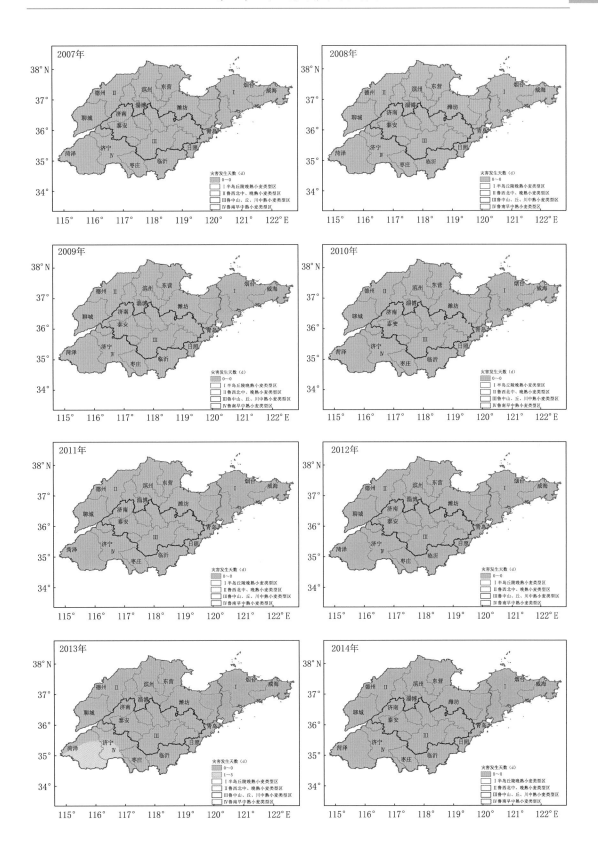

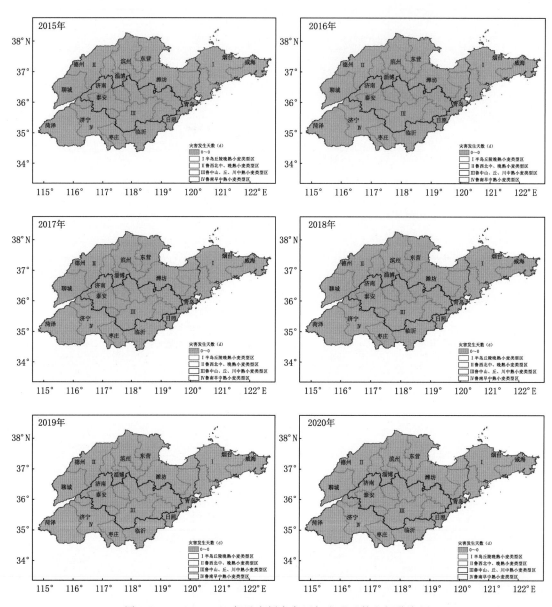

图 4-20　1981—2020 年重度倒春寒逐年出现天数空间分布图

二、2021—2050 年重度倒春寒变化规律

(一)时间变化规律

1. RCP4.5 情景下时间变化规律

(1)全省变化规律

2021—2050 年 RCP4.5 情景下冬小麦重度倒春寒的全省年平均出现天数仅 2036 年出现天数为 0.07 d,其他年份未出现(图 4-21)。

2021—2050 年 RCP4.5 情景下冬小麦重度倒春寒各生态区均未出现。

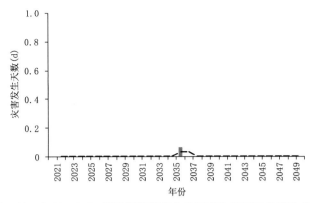

图 4-21　2021—2050 年重度倒春寒全省年平均出现天数变化规律

（2）出现区域的出现天数变化规律

2021—2050 年 RCP4.5 情景下冬小麦重度倒春寒出现区域的年平均出现天数仅 2036 年出现天数为 1.0 d，其他年份未出现（图 4-22）。

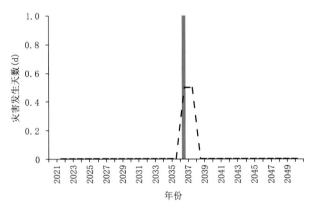

图 4-22　2021—2050 年重度倒春寒出现区域年平均出现天数变化规律

2. RCP8.5 情景下时间变化规律

（1）全省变化规律

2021—2050 年 RCP8.5 情景下冬小麦重度倒春寒的年平均出现天数，仅 2041 年以及 2036 年出现天数分别为 0.04 d 和 0.01 d，其他年份未出现（图 4-23）。

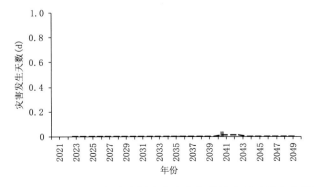

图 4-23　2021—2050 年重度倒春寒全省年平均出现天数变化规律

2021—2050 年 RCP8.5 情景下冬小麦重度倒春寒各生态区的年平均出现天数与全省平均出现天数基本一致,鲁西北中、晚熟小麦类型区和鲁中山、丘、川中熟小麦类型区均仅 2036年出现天数分别为 0.04 d 和 0.25 d,其他年份未出现,半岛丘陵晚熟小麦类型区和鲁南早中熟小麦类型区均未出现(图 4-24)。

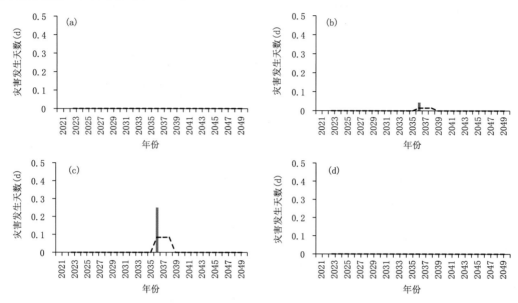

图 4-24 2021—2050 年半岛丘陵晚熟小麦类型区(a)、鲁西北中、晚熟小麦类型区(b)、
鲁中山、丘、川中熟小麦类型区(c)、鲁南早中熟小麦类型区(d)重度倒春寒年平均变化规律

(2)出现区域的出现天数变化规律

2021—2050 年 RCP8.5 情景下冬小麦重度倒春寒出现区域的年平均出现天数仅 2036 年和 2041 年出现天数为 1.0 d,其他年份未出现(图 4-25)。

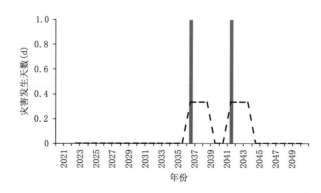

图 4-25 2021—2050 年重度倒春寒出现区域年平均出现天数变化规律

(二)空间分布规律

1. RCP4.5 情景下空间分布规律

(1)每 10 年平均空间分布规律

2011—2050 年每 10 年平均重度倒春寒出现 1 d 的区域,21 世纪第 2 个 10 年主要出现在

鲁南西部地区,其他地区未出现(图 4-26,2011—2020 年);20 年代未出现(图 4-26,2021—2030 年);30 年代主要出现在鲁西北与鲁中交界地区,其他地区未出现(图 4-26,2031—2040 年);40 年代未出现(图 4-26,2041—2050 年)。

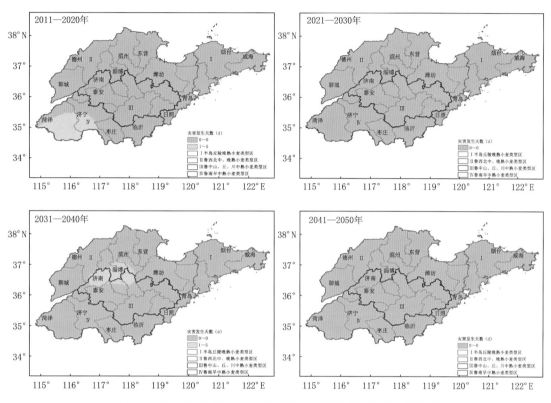

图 4-26 2011—2050 年重度倒春寒每 10 年平均出现天数空间分布图

(2)逐年空间分布规律

2021—2050 年冬小麦重度倒春寒逐年出现情况如图 4-27 所示。

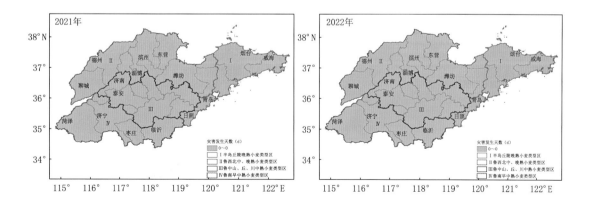

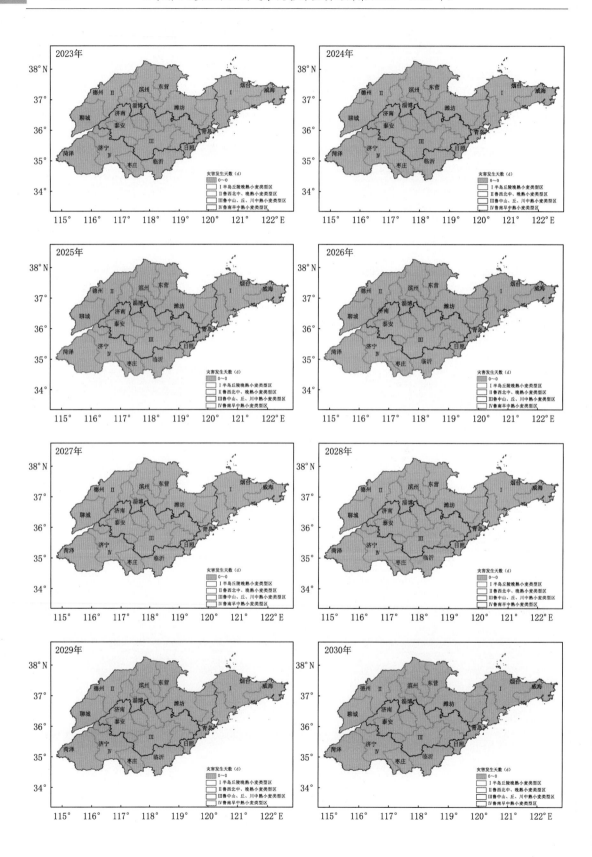

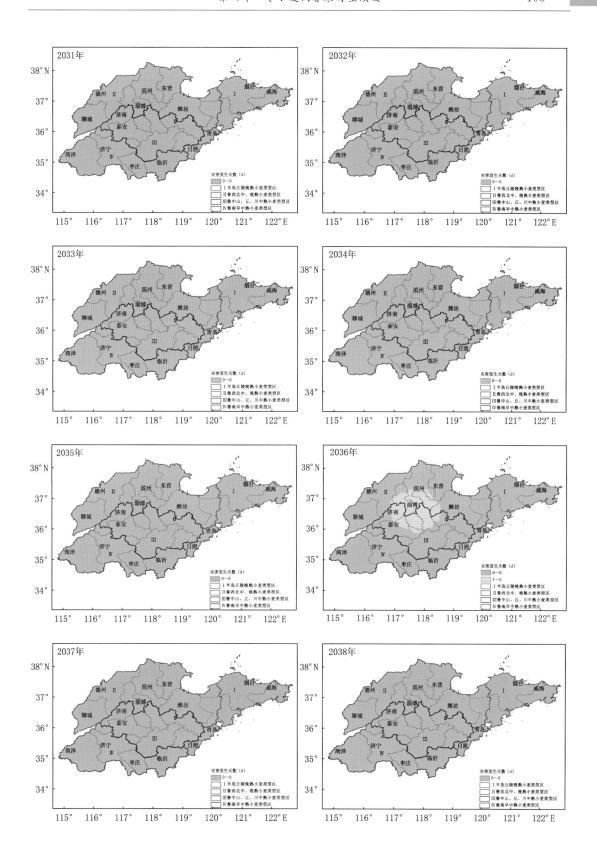

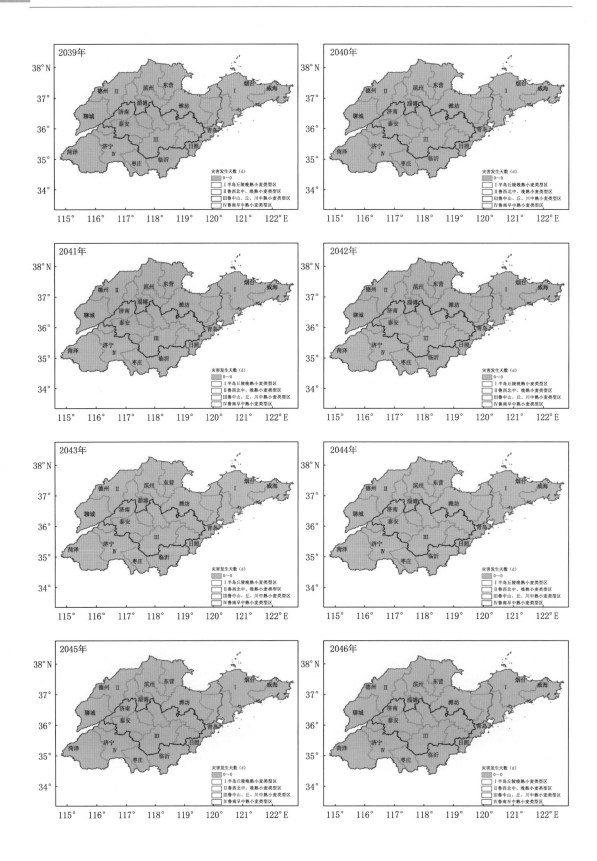

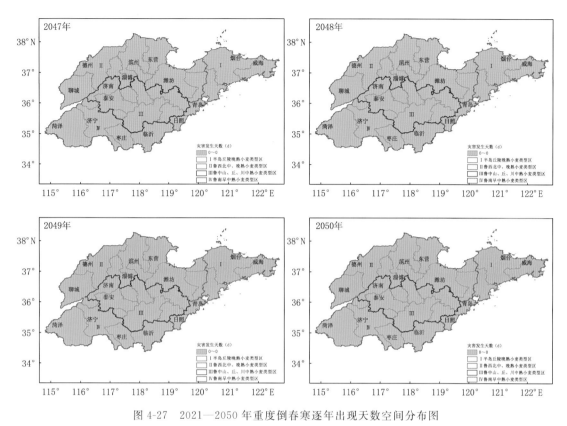

图 4-27 2021—2050 年重度倒春寒逐年出现天数空间分布图

2. RCP8.5 情景下空间分布规律

(1)每 10 年平均空间分布规律

2011—2050 年每 10 年平均重度倒春寒出现 1 d 的区域整体变化不大,21 世纪第 2 个 10 年至 20 年代未出现(图 4-28,2011—2020 年、2021—2030 年),30 年代主要出现在鲁西北南部及鲁中北部(图 4-28,2031—2040 年),40 年代未出现(图 4-28,2041—2050 年)。

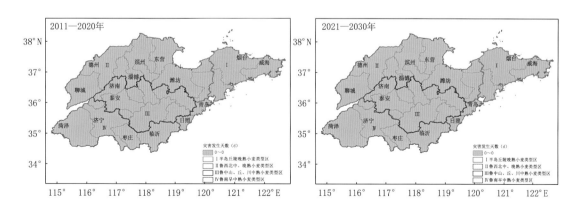

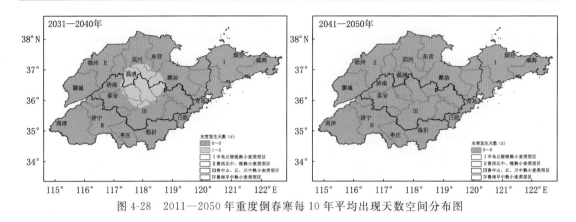

图 4-28　2011—2050 年重度倒春寒每 10 年平均出现天数空间分布图

(2)逐年空间分布规律

2021—2050 年冬小麦重度倒春寒逐年出现情况如图 4-29 所示。

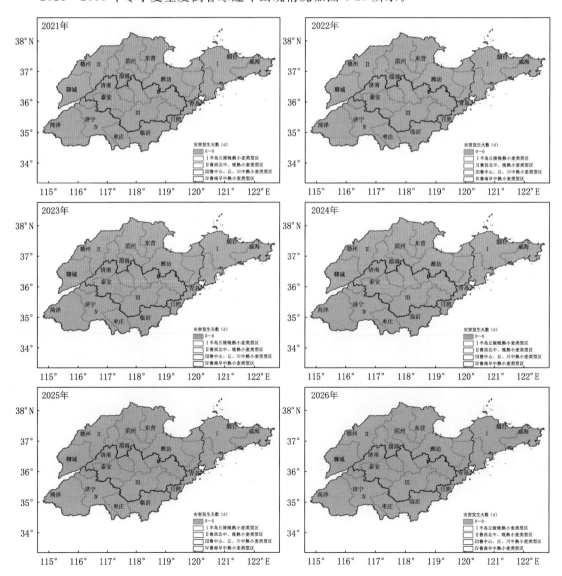

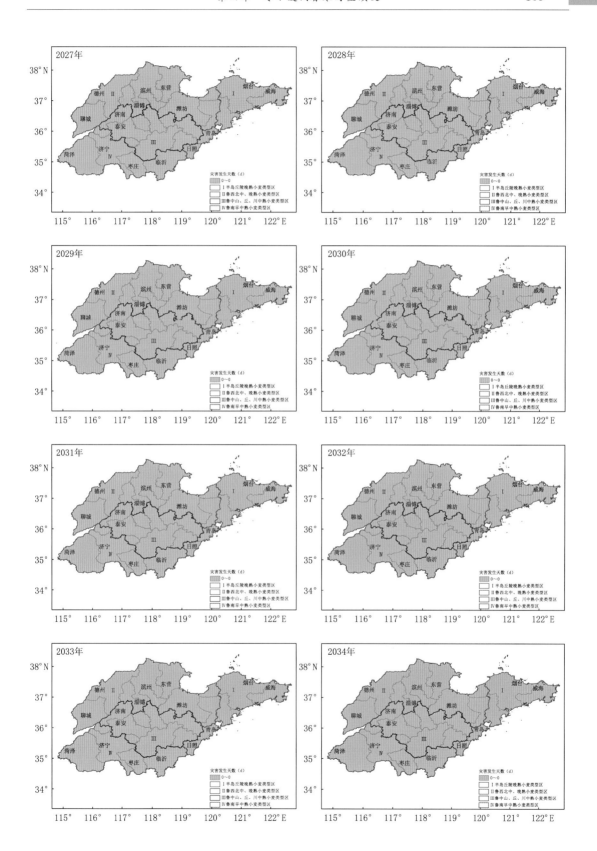

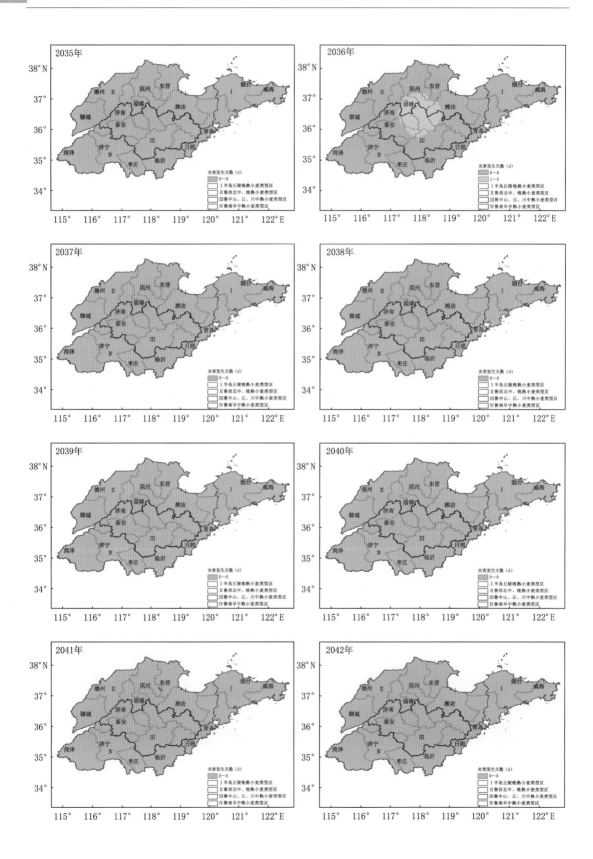

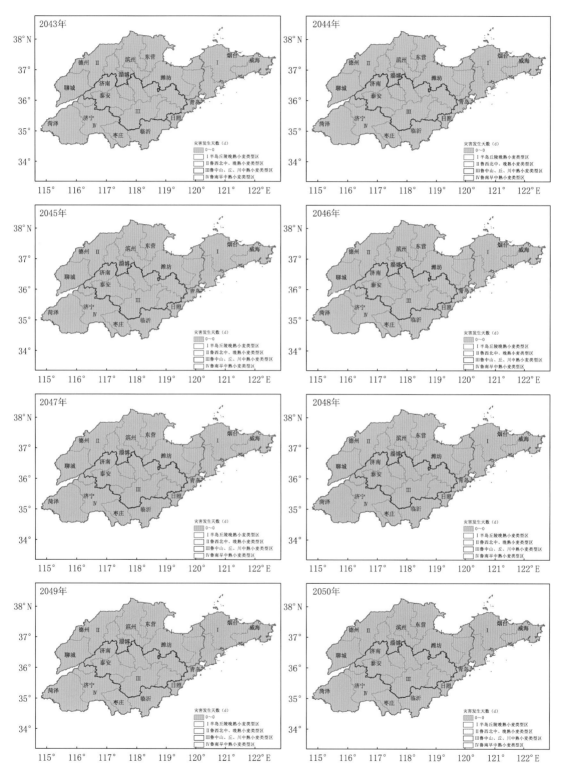

图 4-29　2021—2050 年重度倒春寒逐年出现天数空间分布图

第五章　夏玉米干旱时空演变

第一节　轻度干旱

一、1981—2020 年夏玉米轻度干旱变化规律

(一)时间变化规律

1. 全省变化规律

1981—2020 年夏玉米轻度干旱的全省年平均出现天数在 5.7～22.9 d;1981—1990 年平均出现天数为 17.2 d,1991—2000 年平均出现天数为 15.1 d,2001—2010 年平均出现天数为 11.7 d,2010—2020 年平均出现天数为 13.9 d,2002 年出现天数最多,为 22.9 d(图 5-1)。

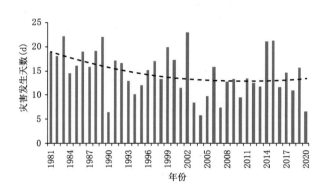

图 5-1　1981—2020 年轻度干旱全省年平均出现天数变化规律

1981—2020 年夏玉米轻度干旱各分区的年平均出现天数的逐年变化趋势为:半岛玉米区、鲁中山地丘陵玉米区及鲁南早中熟小麦类型区与全省年平均变化趋势一致,呈现先减少再略升高的趋势。鲁西北平原玉米区为逐渐降低的趋势;半岛玉米区出现天数在 2.5～28.8 d,2000 年出现天数最多,平均为 28.8 d,鲁中山地丘陵玉米区在 2.5～27.3 d,2014 年出现天数最多,平均为 27.3 d,鲁西北平原玉米区在 3.6～24.4 d,2008 年出现天数最多为平均 24.4 d,鲁南西部平原玉米区出现天数在 1.2～24.9 d,2002 年出现天数最多,平均为 24.9 d(图 5-2)。

2. 出现区域的出现天数变化规律

1981—2020 年夏玉米轻度干旱出现区域的年平均出现天数在 8.5～23.1 d;1981—1990 年平均出现天数为 17.9 d,1991—2000 年平均出现天数为 16.0 d,2001—2010 年平均出现天数为 13.2 d,2011—2020 年平均出现天数为 14.9 d,1983 年出现天数最多,为 23.1 d(图 5-3)。

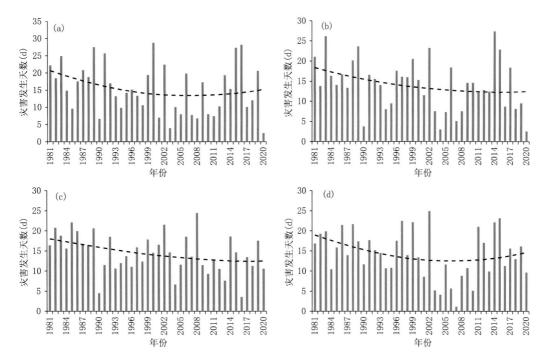

图 5-2 1981—2020 年半岛玉米区(a),鲁中山地丘陵玉米(b),鲁西北平原玉米区(c),
鲁南西部平原玉米区(d)轻度干旱年平均变化规律

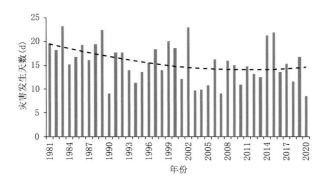

图 5-3 1981—2020 年轻度干旱出现区域年平均出现天数变化规律

(二)空间分布规律

1981—2020 年夏玉米轻度干旱每 10 年平均出现 10 d 以上的区域整体变化不大,20 世纪 80 年代主要出现在鲁西北中东部、鲁中大部、鲁南大部及半岛地区(图 5-4,1981—1990 年); 90 年代主要出现在鲁南、半岛、鲁中西部及鲁西北部分地区(图 5-4,1991—2000 年);进入 21 世纪前 10 年 10 d 以上轻度干旱主要出现在除鲁南西部及鲁中西部的全省大部分地区(图 5-4,2001—2010 年);2011 年以来全省大部分地区都出现了 10 d 以上轻度干旱,鲁西北大部 不足 10 d(图 5-4,2011—2020 年)。

1981—2020 年夏玉米轻度干旱逐年出现情况如图 5-5 所示。

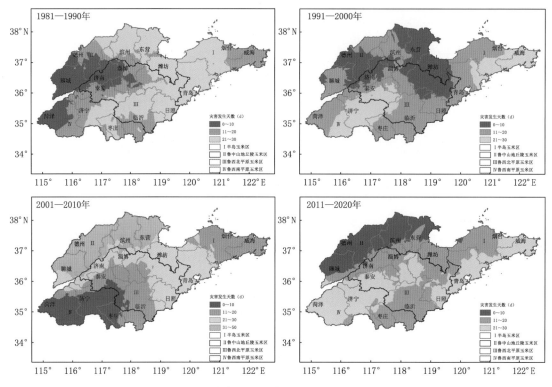

图 5-4　1981—2020 年轻度干旱每 10 年平均出现天数空间分布图

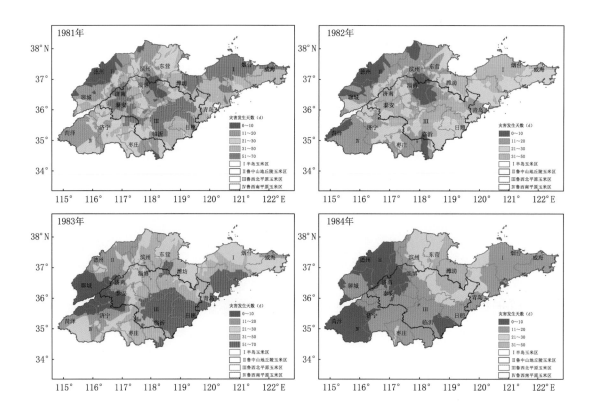

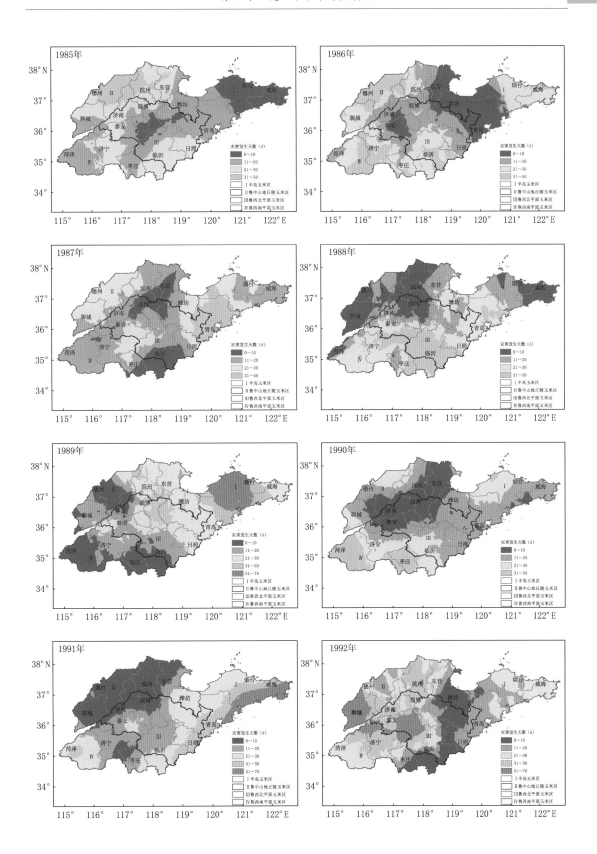

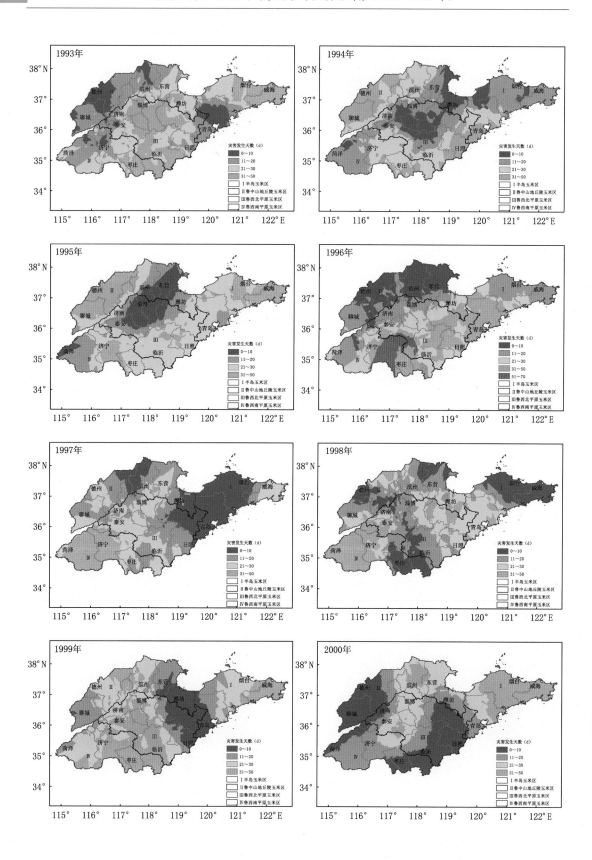

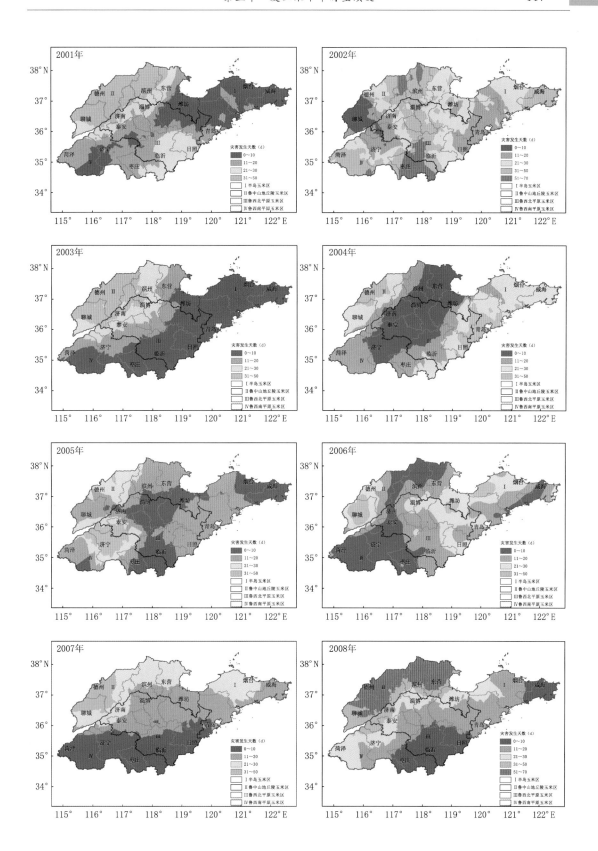

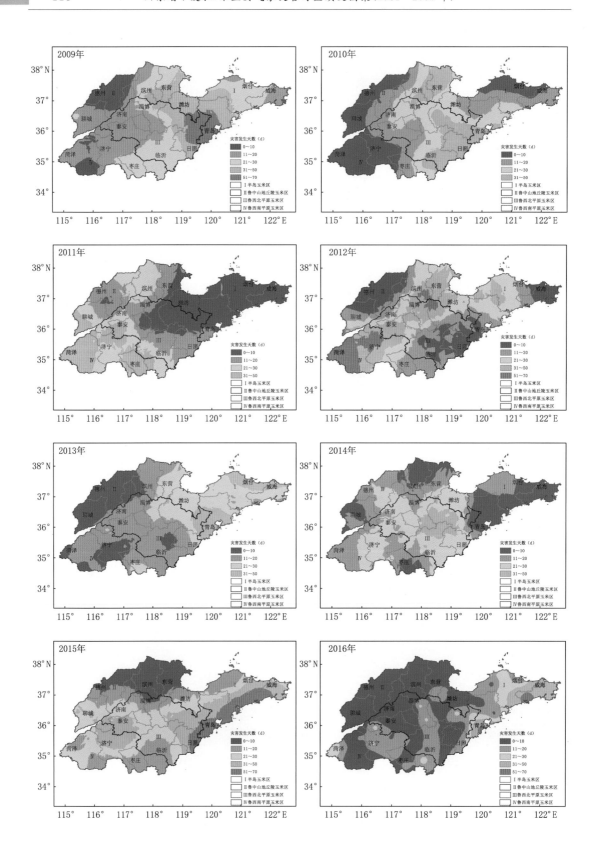

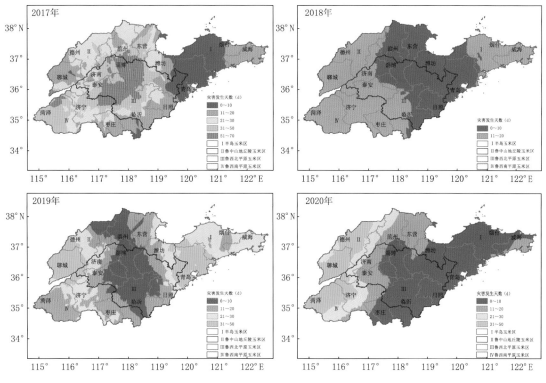

图 5-5　1981—2020 年轻度干旱逐年出现天数空间分布图

二、2021—2050 年轻度干旱变化规律预估

(一)时间变化规律

1. RCP4.5 情景下时间变化规律

(1)全省变化规律

2021—2050 年 RCP4.5 情景下夏玉米轻度干旱的全省年平均出现天数在 4.5～26.5 d;2021—2030 年平均出现天数平均为 15.1 d,2031—2040 年为 14.2 d,2041—2050 年为 14.3 d,2043 年出现天数最多,平均为 26.5 d(图 5-6)。

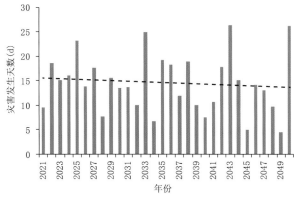

图 5-6　2021—2050 年轻度干旱全省年平均出现天数变化规律

2021—2050 年 RCP4.5 情景下夏玉米轻度干旱各生态区的年平均出现天数的逐年变化趋势略有差别。半岛玉米区呈现先增加再减少趋势。出现天数在 0.3～28.5 d,2033 年出现平均天数最多,为 28.5 d(图 5-7a);鲁中山地丘陵玉米区变化趋势不明显,平均出现天数在 2.3～31.4 d,2043 年出现平均天数最多,为 31.4 d(图 5-7b);鲁西北平原玉米区呈现下降趋势。出现天数在 1.1～31.4 d,2025 年出现平均天数最多,为 31.4 d(图 5-7c);鲁南西部平原玉米区变化趋势不明显,出现天数在 3.3～33.6 d,2033 年出现平均天数最多,为 33.6 d(图 5-7d)。

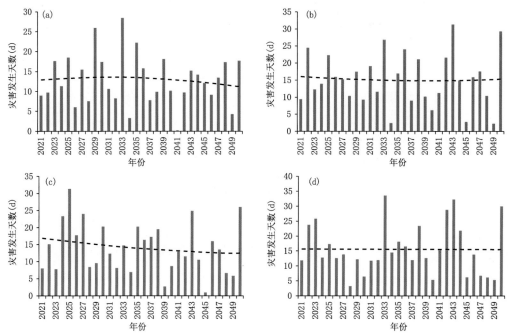

图 5-7 2021—2050 年半岛玉米区(a),鲁中山地丘陵玉米(b),鲁西北平原玉米区(c),
鲁南西部平原玉米区(d)轻度干旱年平均变化规律

(2)出现区域的出现天数变化规律

2021—2050 年 RCP4.5 情景下夏玉米轻度干旱出现区域的年平均出现天数在 6.6～26.9 d,逐年变化趋势不大;2021—2030 年平均出现天数为 15.6 d,2031—2040 年为 14.8 d,2041—2050 年为 15.3 d,2043 年平均出现天数最多,为 26.9 d(图 5-8)。

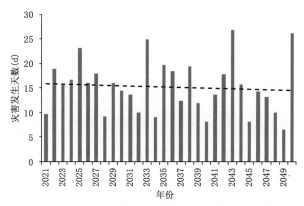

图 5-8 2021—2050 年轻度干旱出现区域年平均出现天数变化规律

2. RCP8.5情景下时间变化规律

（1）全省变化规律

2021—2050年RCP8.5情景下夏玉米轻度干旱的全省年平均出现天数在4.9～27.8 d，变化趋势不大；2021—2030年平均出现天数为13.9 d，2031—2040年为15.3 d，2041—2050年为16.2 d，2046年平均出现天数最多，为27.8 d（图5-9）。

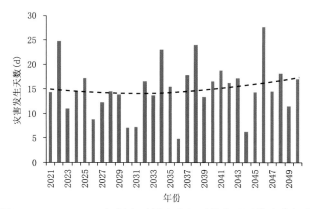

图5-9　2021—2050年轻度干旱全省年平均出现天数变化规律

2021—2050年RCP8.5情景下夏玉米轻度干旱各生态区的年平均出现天数的逐年变化趋势为：半岛玉米区和鲁西北平原玉米区呈现两端高、中间低的趋势。鲁中山地丘陵玉米区和鲁南西部平原玉米区呈现逐渐升高的趋势；半岛玉米区出现天数在0～28.8 d，鲁中山地丘陵玉米区出现天数在0～29.0 d，鲁西北平原玉米区出现天数在0～28.6 d，鲁南西部平原玉米区在0～39.4 d；各分区均为2050年平均出现天数最多，分别为28.8 d、29.0 d、28.6 d、39.4 d（图5-10）。

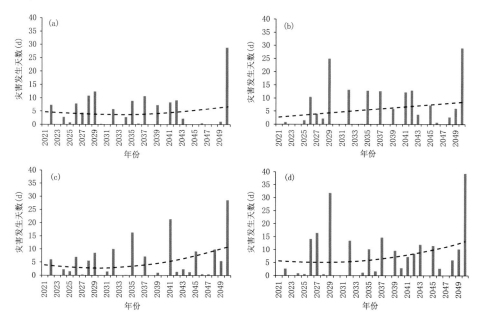

图5-10　2021—2050年半岛玉米区(a)，鲁中山地丘陵玉米区(b)，鲁西北平原玉米区(c)，
鲁南西部平原玉米区(d)轻度干旱年平均变化规律

(2)出现区域的出现天数变化规律

2021—2050 年 RCP8.5 情景下夏玉米轻度干旱出现区域的年平均出现天数在 6.5~27.8 d,变化趋势不大;2021—2030 年平均出现天数为 14.7 d,2031—2040 年平均出现天数为 16.1 d,2041—2050 年平均出现天数为 16.7 d,2046 年平均出现天数最多为 27.8 d(图 5-11)。

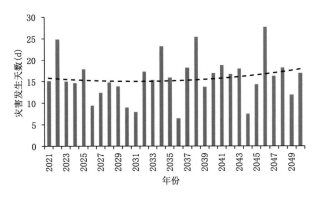

图 5-11　2021—2050 年轻度干旱出现区域年平均出现天数变化规律

(二)空间分布规律

1.RCP4.5 情景下空间分布规律

(1)每 10 年平均空间分布规律

2011—2050 年每 10 年平均夏玉米种植区域轻度干旱出现 10 d 以上的区域呈现扩大趋势。21 世纪第 2 个 10 年主要出现在鲁中西部、鲁南西部、半岛东南部地区(图 5-12,2011—2020 年);20 年代向西北偏移,出现区域主要是鲁西北、鲁中中西部、鲁南西部、鲁中西部以及半岛东部地区(图 5-12,2021—2030 年);30 年代出现区域与 20 年代相比明显增加,主要出现在鲁西北西部、鲁中西部及南部、鲁南及半岛东南部地区(图 5-12,2031—2040 年);40 年代出现区域比 30 年代明显扩大,除鲁西北的东部、鲁中东部、半岛北部外,其他地区均在 10 d 以上(图 5-12,2041—2050 年)。

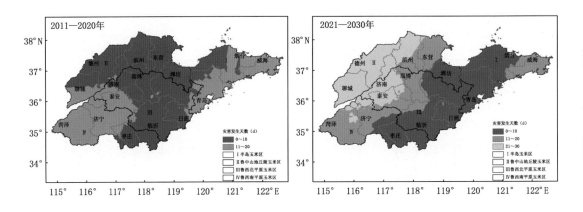

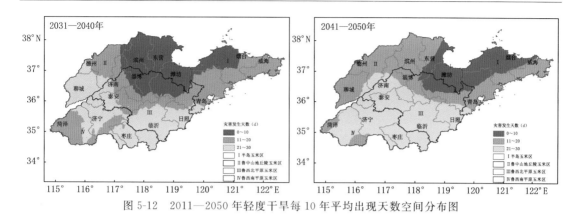

图 5-12　2011—2050 年轻度干旱每 10 年平均出现天数空间分布图

（2）逐年空间分布规律

2021—2050 年夏玉米轻度干旱逐年出现情况如图 5-13 所示。

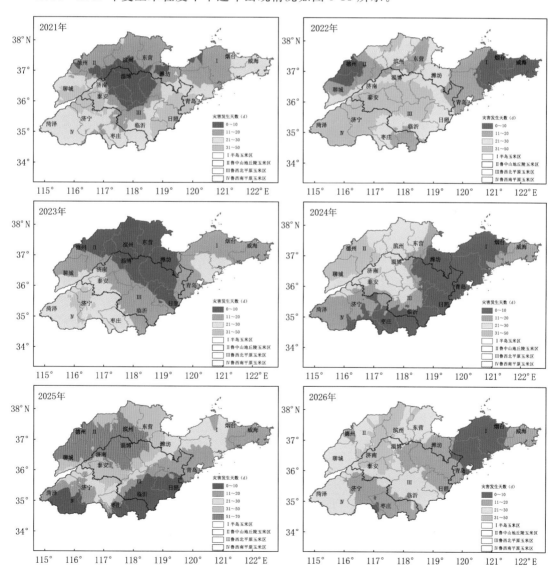

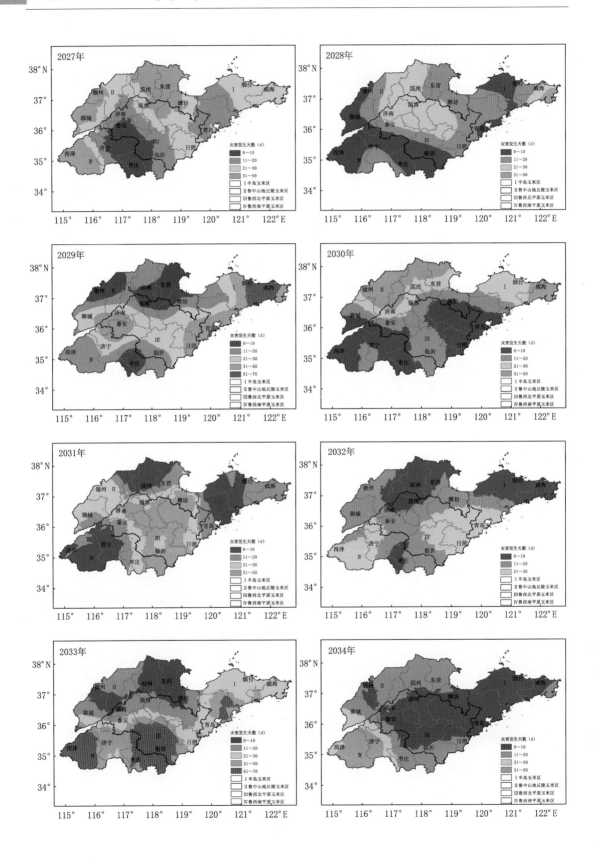

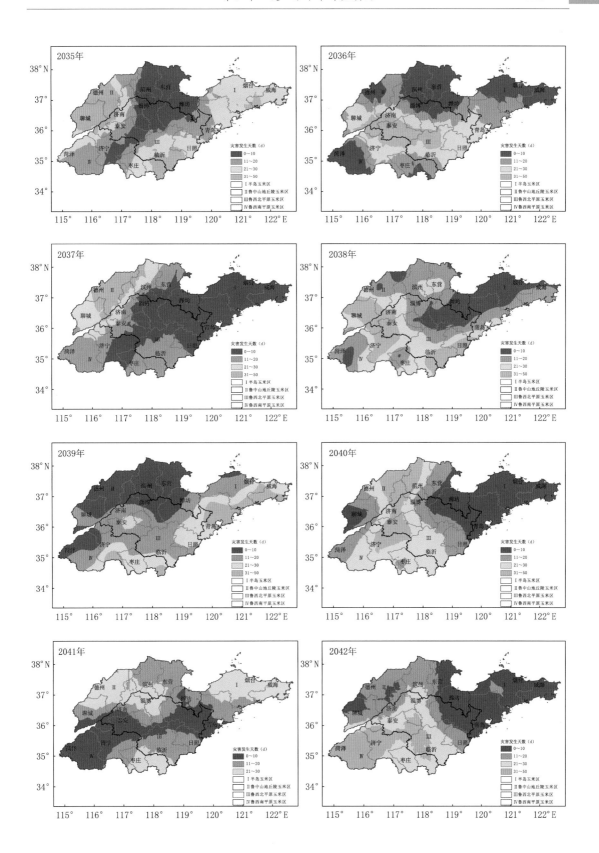

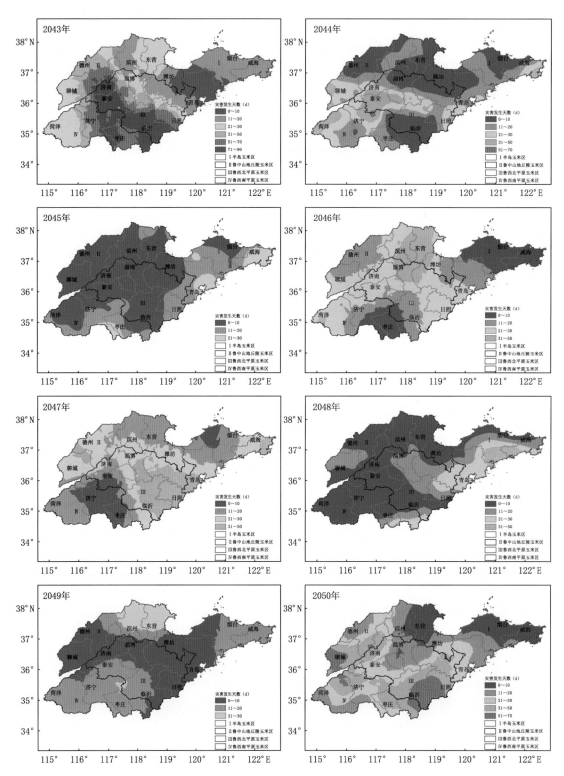

图 5-13　2021—2050 年轻度干旱逐年出现天数空间分布图

2. RCP8.5 情景下空间分布规律

(1)每10年平均空间分布规律

2011—2050年每10年平均夏玉米种植区域轻度干旱出现10 d以上的区域变化较大。21世纪第2个10年主要出现在鲁西北的西部及南部、鲁中大部、鲁南大部分地区及半岛地区(图5-14,2011—2020年);20年代除半岛及鲁中东部外,其他地区均出现10 d以上轻度干旱(图5-14,2021—2030年);进入30年代出现区域较20年代东移,主要在鲁西北和鲁中的大部、鲁南及半岛地区(图5-14,2031—2040年);40年代出现区域比30年代略有缩小,主要出现在鲁西北大部、鲁中南部及西部、鲁南及半岛东部地区(图5-14,2041—2050年)。

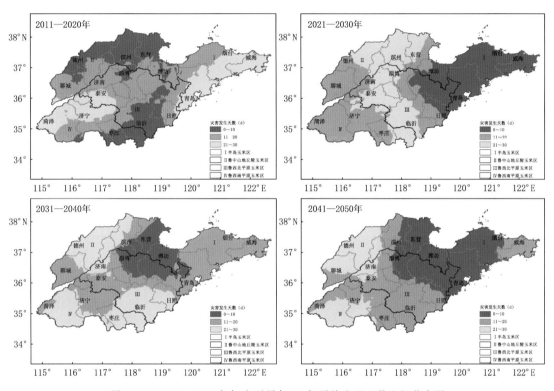

图 5-14　2011—2050年轻度干旱每10年平均出现天数空间分布图

(2)逐年空间分布规律

2021—2050年夏玉米轻度干旱逐年出现情况如图5-15所示。

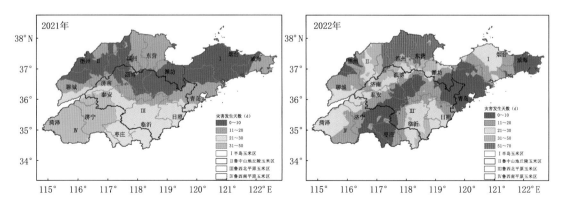

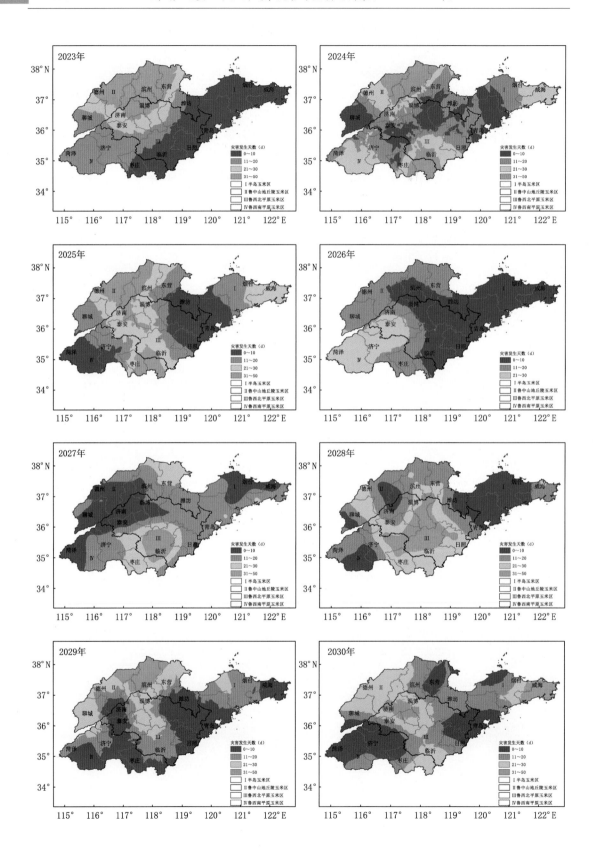

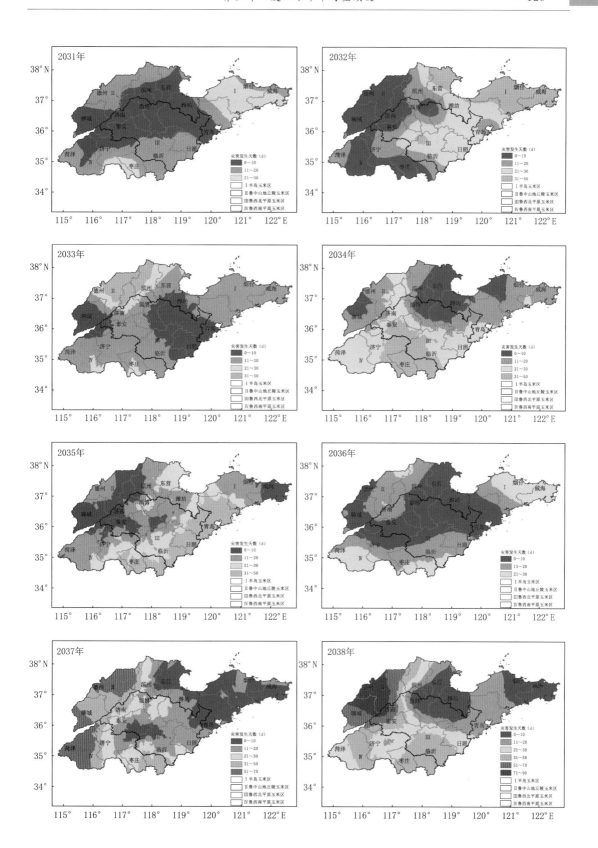

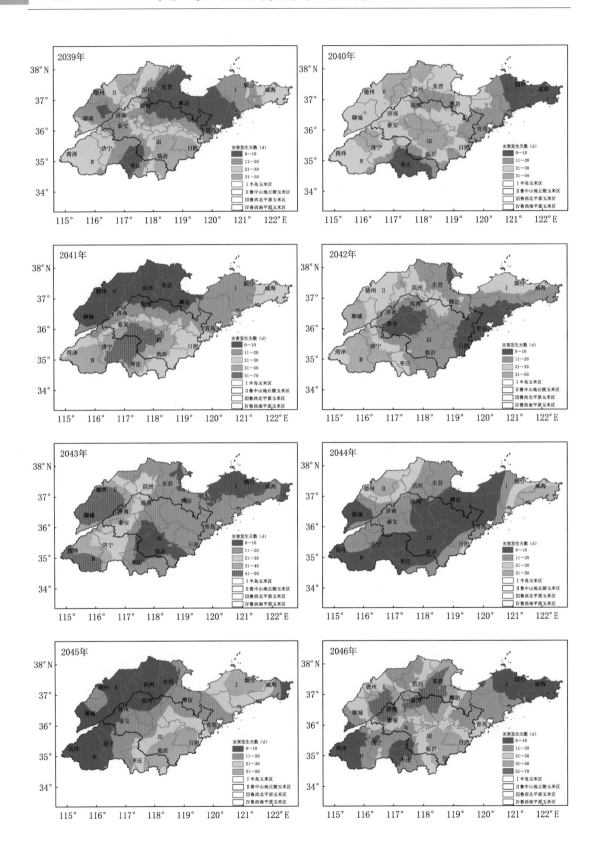

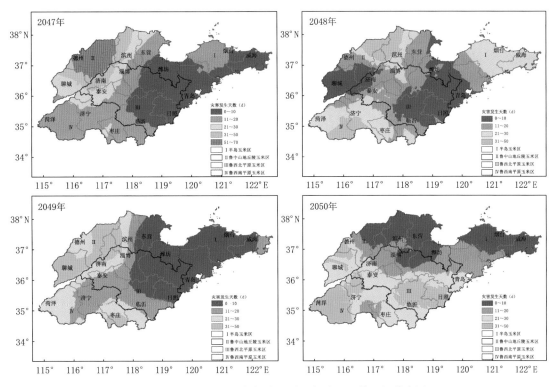

图 5-15　2021—2050 年轻度干旱逐年出现天数空间分布图

第二节　中度干旱

一、1981—2020 年中度干旱变化规律

(一)时间变化规律

1. 全省变化规律

1981—2020 年夏玉米中度干旱的全省年平均出现天数在 2.1～28.0 d;1981—1990 年平均出现天数为 13.9 d,1991—2000 年平均出现天数为 12.1 d,2001—2010 年平均出现天数为 8.2 d,2011—2020 年平均出现天数为 10.9 d,2002 年出现天数最多,为 28.0 d(图 5-16)。

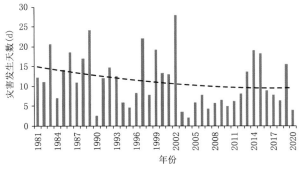

图 5-16　1981—2020 年中度干旱全省年平均出现天数变化规律

1981—2020 年夏玉米中度干旱各生态区的年平均出现天数的逐年变化趋势为:半岛玉米区、鲁中山地丘陵玉米区、鲁南西部平原玉米区呈现先减少再略升高的趋势。鲁西北平原玉米区呈现逐渐降低的趋势;半岛玉米区出现天数在 0.8～30.7 d,1989 年出现天数最多,平均为 30.7 d;鲁中山地丘陵玉米区在 0.2～32.7 d,1989 年出现天数最多,平均为 32.7 d;鲁西北平原玉米区在 2.3～30.0 d,2002 年出现天数最多,平均为 30.0 d;鲁南西部平原玉米区在 0.1～28.4 d,1988 年出现天数最多,平均为 28.4 d(图 5-17)。

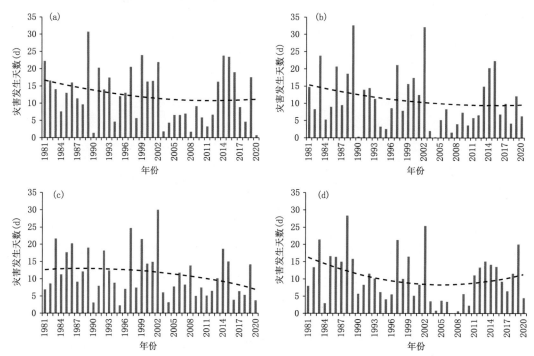

图 5-17　1981—2020 年半岛玉米区(a),鲁中山地丘陵玉米区(b),鲁西北平原玉米区(c),鲁南西部平原玉米区(d)中度干旱年平均变化规律

2. 出现区域的出现天数变化规律

1981—2020 年夏玉米中度干旱出现区域的年平均出现天数在 6.1～28.0 d;1981—1990 年平均出现天数为 15.3 d,1991—2000 年平均出现天数为 13.7 d,2001—2010 年平均出现天数为 10.9 d,2011—2020 年平均出现天数为 12.6 d,2002 年出现天数最多,为 28.0 d(图 5-18)。

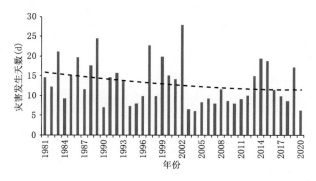

图 5-18　1981—2020 年中度干旱出现区域年平均出现天数变化规律

（二）空间分布规律

1981—2020 年夏玉米中度干旱每 10 年平均出现 10 d 以上的区域范围变化不明显，但区域分布变化显著；20 世纪 80 年代主要出现在鲁中南部、鲁南及半岛大部地区（图 5-19，1981—1990 年）；90 年代出现区域减小，主要出现在鲁西北西北部、鲁中东部、半岛和鲁南东部地区（图 5-19，1991—2000 年）；进入 21 世纪前 10 年 10 d 以上中度干旱主要出现在鲁西北、鲁中北部以及半岛东部地区（图 5-19，2001—2010 年）；2011 年以来主要出现在鲁南西部、鲁中西部及半岛地区（图 5-19，2011—2020 年）。

1981—2020 年夏玉米中度干旱逐年出现情况如图 5-20 所示。

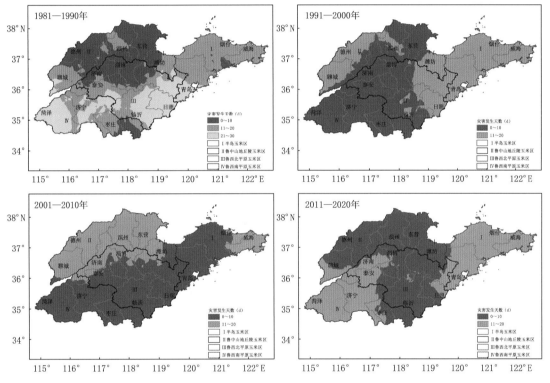

图 5-19　1981—2020 年中度干旱每 10 年平均出现天数空间分布图

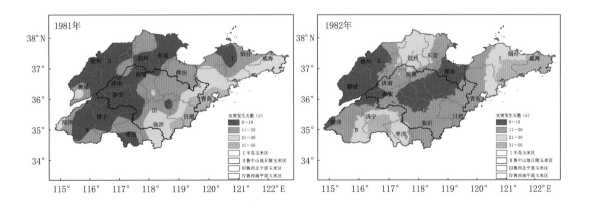

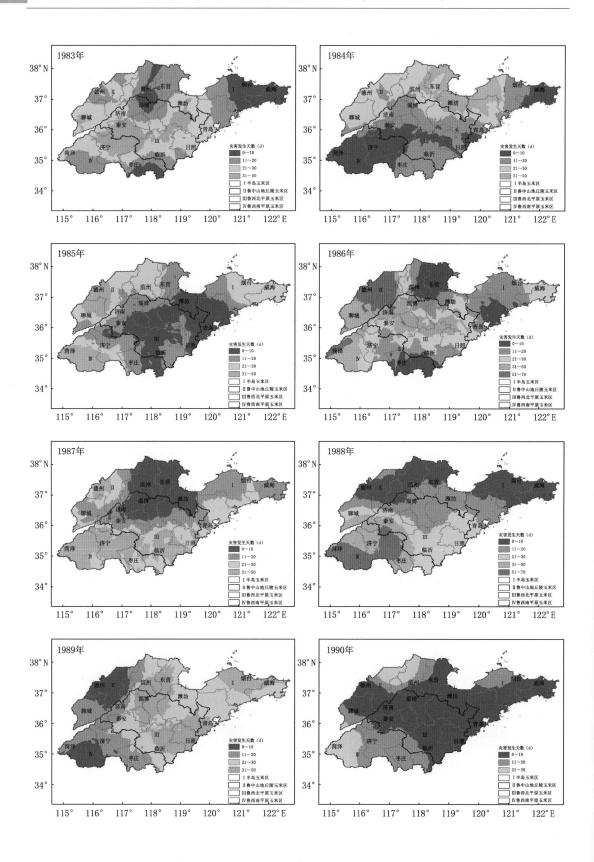

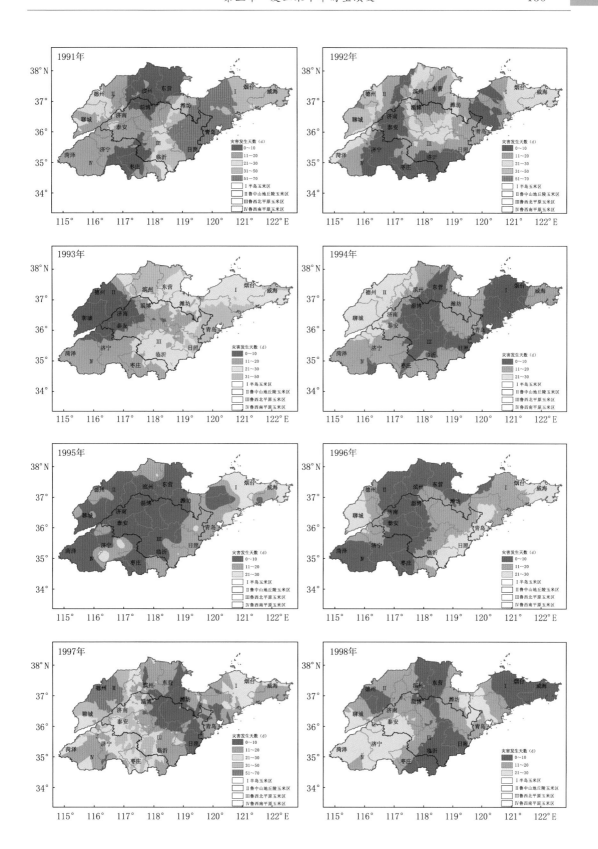

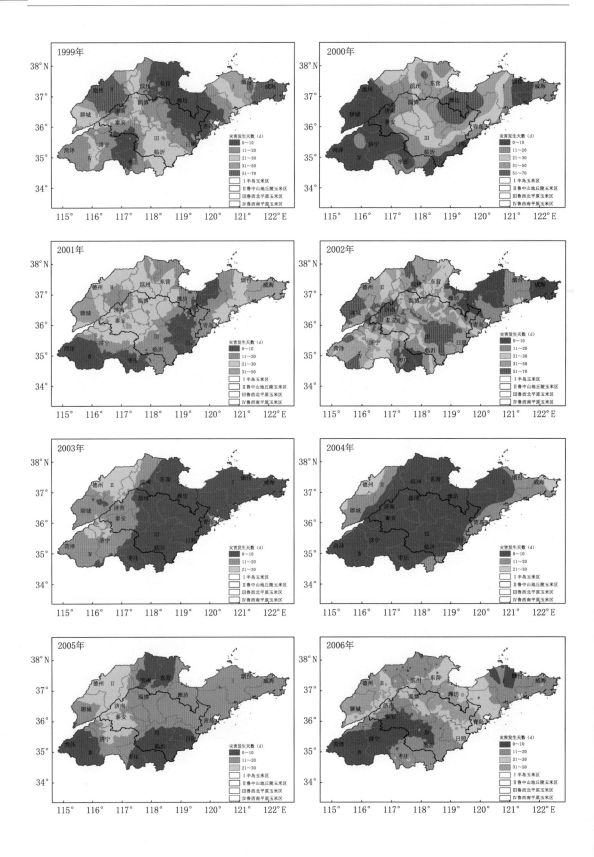

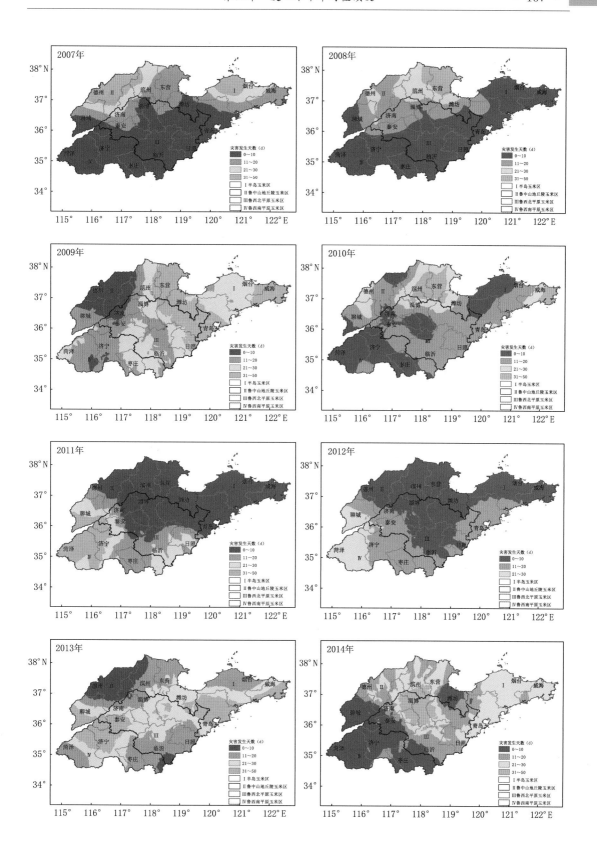

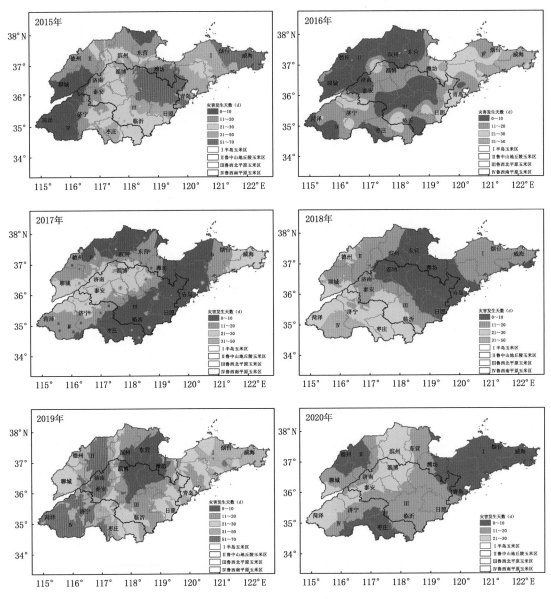

图 5-20　1981—2020 年中度干旱逐年出现天数空间分布图

二、2021—2050 年中度干旱变化规律预估

(一)时间变化规律

1. RCP4.5 情景下时间变化规律

(1)全省变化规律

2021—2050 年 RCP4.5 情景下夏玉米中度干旱的全省年平均出现天数在 0.5~26.9 d；2021—2030 年出现天数平均为 15.3 d，2031—2040 年为 10.5 d，2041—2050 年为 11.5 d，2027 年出现天数最多，平均为 26.9 d(图 5-21)。

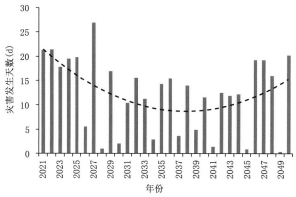

图 5-21　2021—2050 年中度干旱全省年平均出现天数变化规律

2021—2050 年 RCP4.5 情景下夏玉米中度干旱各生态区的年平均出现天数的逐年变化趋势均呈现先减少再增加趋势。半岛玉米区平均出现天数在 0～23.8 d,2027 年平均出现天数最多,为 23.8 d(图 5-22a);鲁中山地丘陵玉米区平均出现天数在 0～29.2 d,2047 年出现平均天数最多,为 29.2 d(图 5-22b);鲁西北平原玉米区平均出现天数在 0.1～30.1 d,2027 年出现平均天数最多,为 30.1 d(图 5-22c);鲁南西部平原玉米区平均出现天数在 0.2～42.1 d,2022 年出现平均天数最多,为 42.1 d(图 5-22d)。

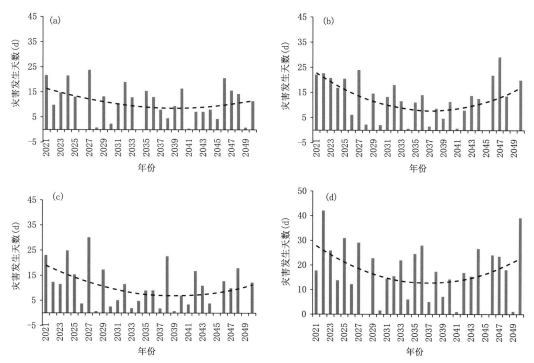

图 5-22　2021—2050 年半岛玉米区(a),鲁中山地丘陵玉米区(b),鲁西北平原玉米区(c),
鲁南西部平原玉米区(d)中度干旱年平均变化规律

(2)出现区域的出现天数变化规律

2021—2050 年 RCP4.5 情景下夏玉米中度干旱出现区域的年平均出现天数在 3.4～26.9 d,

呈现先减少再增加的趋势;2021—2030 年平均出现天数为 16.8 d,2031—2040 年平均出现天数为 12.5 d;2041—2050 年平均出现天数为 13.5 d;2027 年出现天数最多,为 26.9 d(图5-23)。

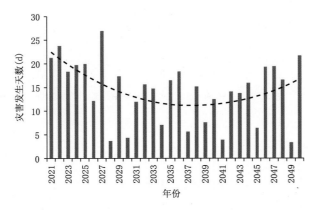

图 5-23　2021—2050 年中度干旱出现区域年平均出现天数变化规律

2. RCP8.5 情景下时间变化规律

(1)全省变化规律

2021—2050 年 RCP8.5 情景下夏玉米中度干旱的全省年平均出现天数在 1.1~36.1 d,呈现缓慢增加的趋势;2021—2030 年平均出现天数为 11.3 d,2031—2040 年平均出现天数为 11.1 d,2041—2050 年平均出现天数为 15.7 d,2032 年平均出现天数最多,为 36.2 d(图 5-24)。

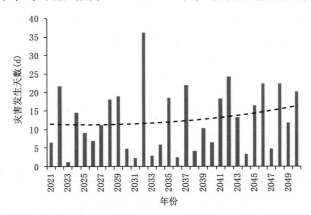

图 5-24　2021—2050 年中度干旱全省年平均出现天数变化规律

2021—2050 年 RCP8.5 情景下夏玉米中度干旱各生态区的年平均出现天数的逐年变化趋势为:半岛玉米区呈现缓慢降低的趋势。鲁中山地丘陵玉米区及鲁南西部平原玉米区呈现缓慢升高的趋势。鲁西北平原玉米区呈现先降低再升高的趋势;半岛玉米区出现天数在 0.1~24.7 d,2037 年平均出现天数最多,为 24.7 d;鲁中山地丘陵玉米区在 0.1~34.9 d,2032 年平均出现天数最多,为 34.9 d;鲁西北平原玉米区在 0.1~40.2 d,2032 年平均出现天数最多,为 40.2 d;鲁南西部平原玉米区在 0~40.2 d,2032 年平均出现天数最多,为 48.0 d(图 5-25)。

(2)出现区域的出现天数变化规律

2021—2050 年 RCP8.5 情景下夏玉米中度干旱出现区域的年平均出现天数在 3.4~36.1 d,

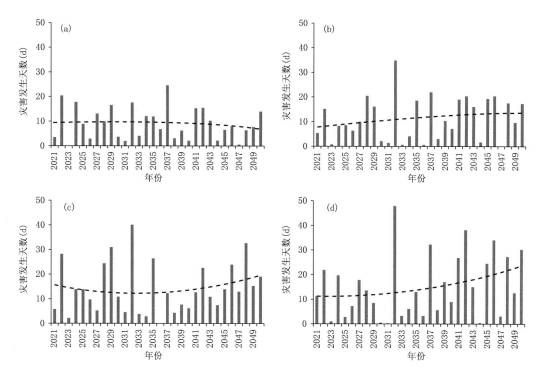

图 5-25 2021—2050 年半岛玉米区(a),鲁中山地丘陵玉米区(b),鲁西北平原玉米区(c),
鲁南西部平原玉米区(d)中度干旱年平均变化规律

呈现缓慢升高的趋势;2021—2030 年平均出现天数为 13.3 d;2031—2040 年平均出现天数为
13.3 d;2041—2050 年平均出现天数为 17.1 d;2032 年平均出现天数最多,为 36.1 d(图
5-26)。

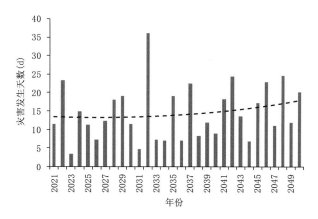

图 5-26 2021—2050 年中度干旱出现区域年平均出现天数变化规律

(二)空间分布规律

1.RCP4.5 情景下空间分布规律

(1)每 10 年平均空间分布规律

2011—2050 年每 10 年平均夏玉米种植区域中度干旱出现 10 d 以上的区域整体呈现缩小

趋势。21 世纪第 2 个 10 年主要出现在除鲁西北以外的地区(图 5-27,2011—2020 年);20 年代出现区域主要在鲁西北大部、鲁中西南部、鲁南大部和半岛局部地区(图 5-27,2021—2030 年);30 年代出现区域与 20 年代相比明显减小,主要出现在鲁南、半岛南部地区(图 5-27,2031—2040 年);40 年代出现面积与 30 年代相比变化不大,主要在鲁南大部及鲁中南西南地区(图 5-27,2041—2050 年)。

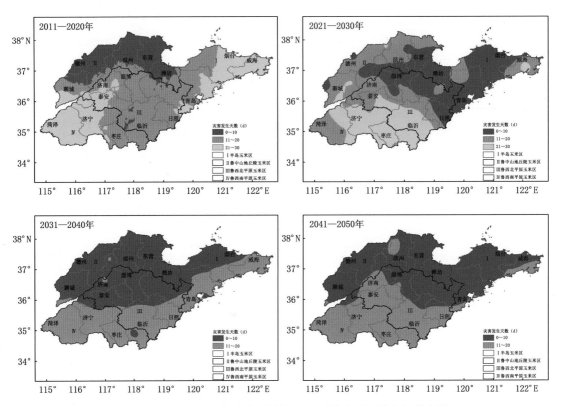

图 5-27　2011—2050 年中度干旱每 10 年平均出现天数空间分布图

(2)逐年空间分布规律

2021—2050 年夏玉米中度干旱逐年出现情况如图 5-28 所示。

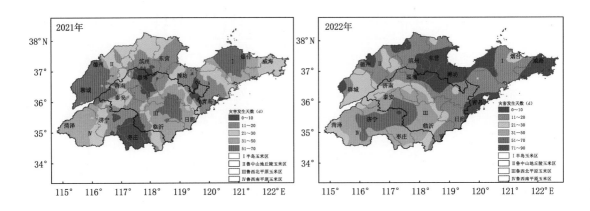

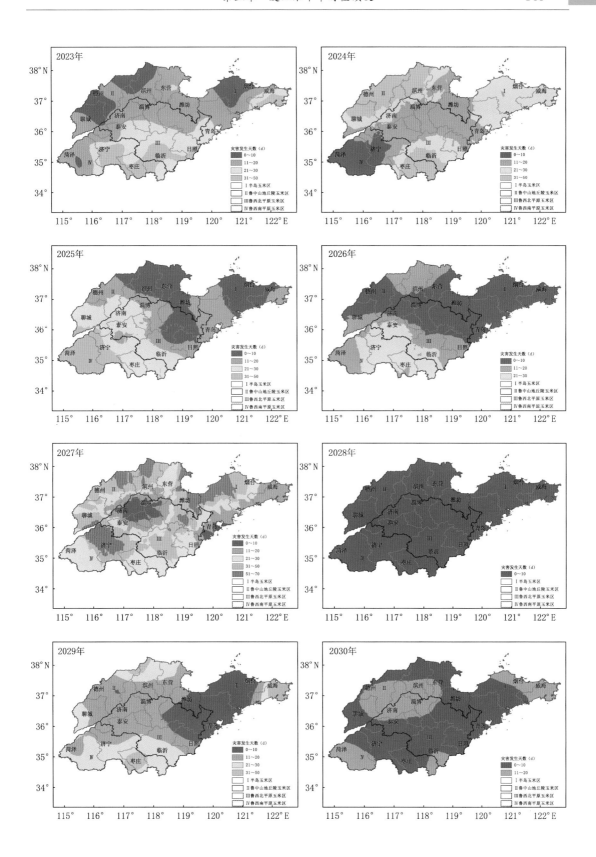

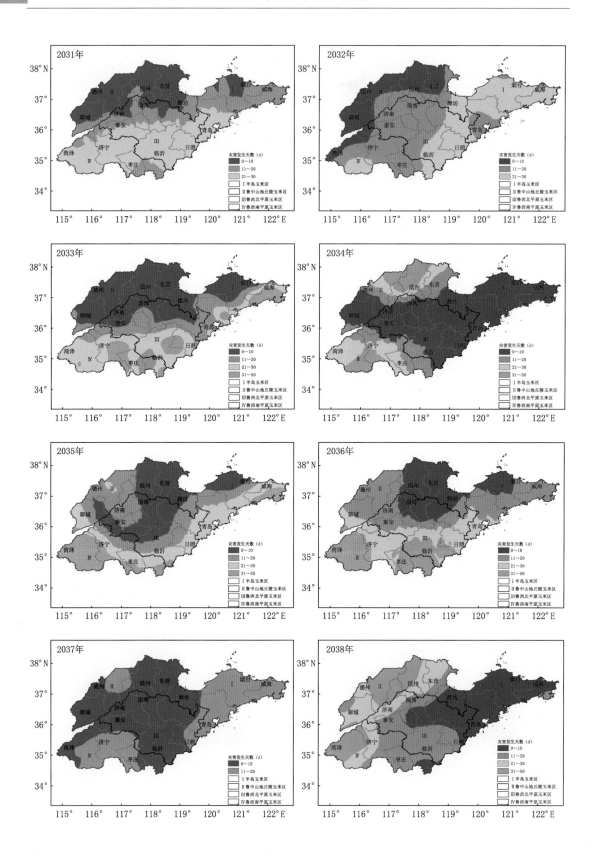

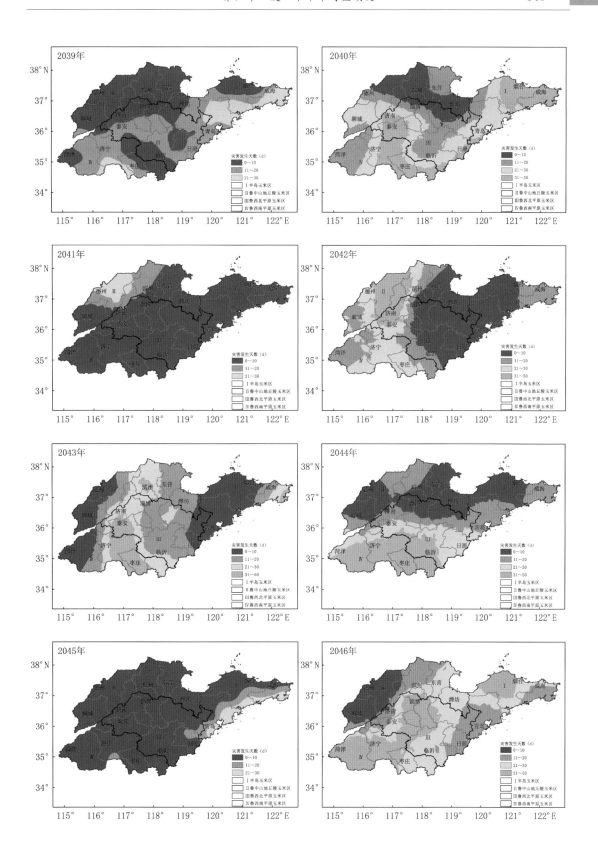

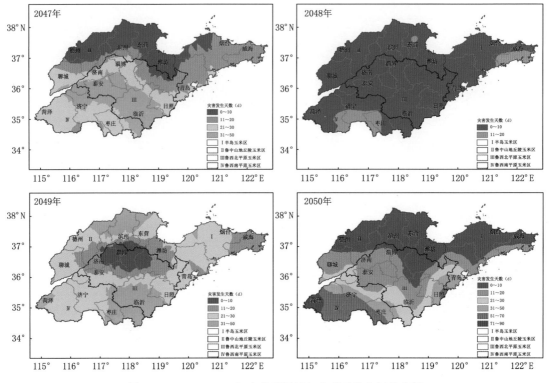

图 5-28　2021—2050 年中度干旱逐年出现天数空间分布图

2. RCP8.5 情景下空间分布规律

(1)每 10 年平均空间分布规律

2011—2050 年每 10 年平均夏玉米种植区域中度干旱出现 10 d 以上的区域整体呈现扩大趋势;21 世纪第 2 个 10 年主要出现在鲁中西北部、鲁南西部以及半岛地区(图 5-29,2011—2020 年);20 年代出现区域向西北偏移,主要在鲁西北、鲁中西部、半岛东部及鲁南西部部分地区(图 5-29,2021—2030 年);30 年代出现区域与 20 年代相比明显扩大,主要在鲁西北中大部、鲁中西南部、鲁南和半岛东南部地区(图 5-29,2031—2040 年);40 年代出现区域与 30 年代相比变化不大,主要在鲁西北中大部、鲁中西部及鲁南大部地区(图 5-29,2041—2050 年)。

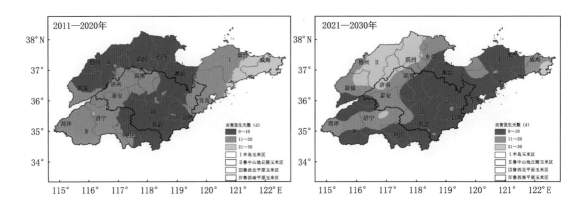

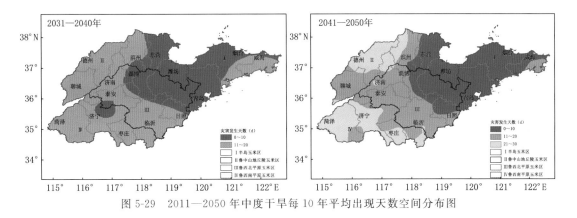

图 5-29　2011—2050 年中度干旱每 10 年平均出现天数空间分布图

（2）逐年空间分布规律

2021—2050 年夏玉米轻度干旱逐年出现情况如图 5-30 所示。

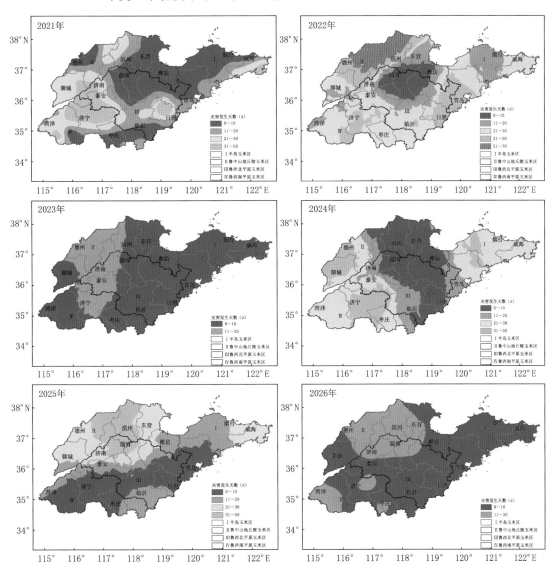

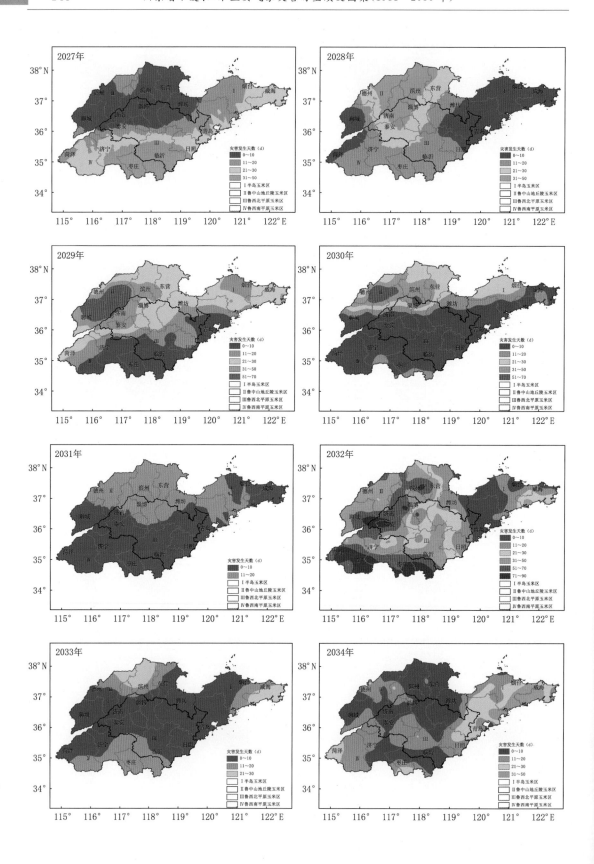

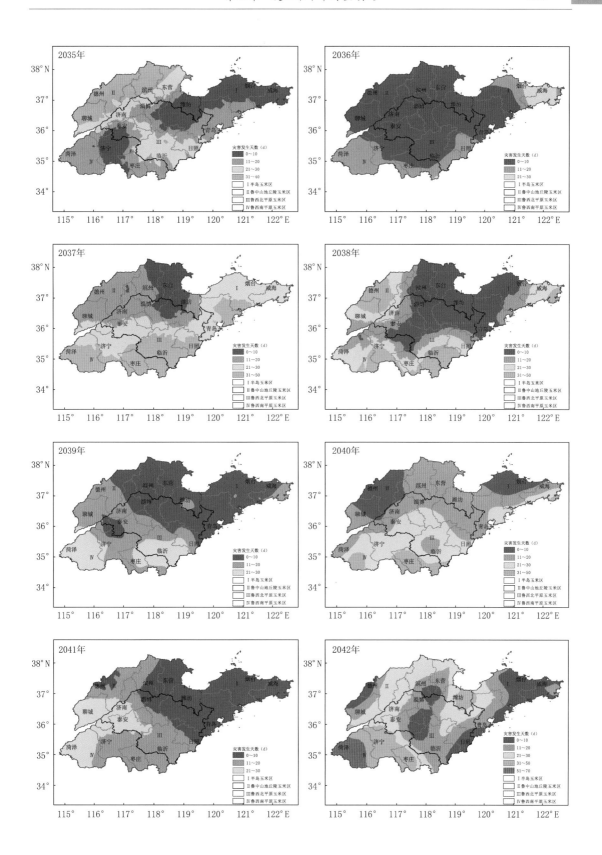

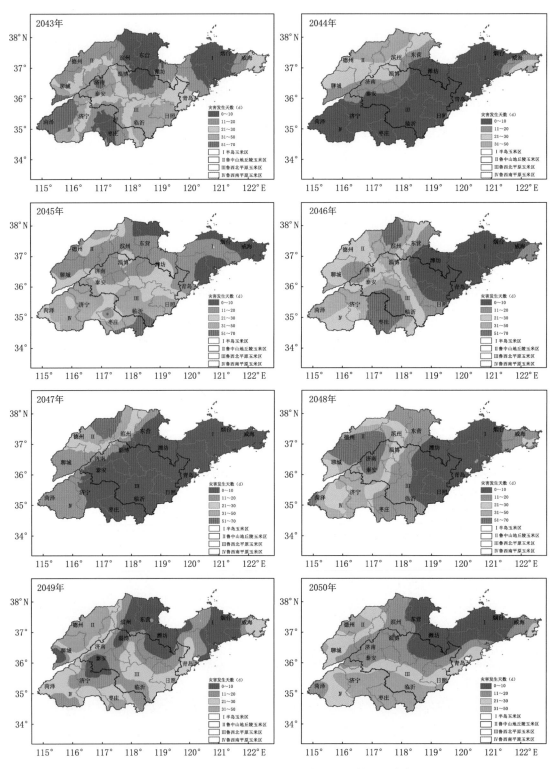

图 5-30 2021—2050 年中度干旱逐年出现天数空间分布图

第三节　重度干旱

一、1981—2020 年重度干旱变化规律

(一)时间变化规律

1. 全省变化规律

1981—2020 年夏玉米重度干旱的全省年平均出现天数在 0.1～21.4 d;1981—1990 年平均出现天数为 7.8 d,1991—2000 年平均出现天数为 6.7 d,2001—2010 年平均出现天数为 3.5 d,2011—2020 年平均出现天数为 6.4 d,1997 年平均出现天数最多,为 21.4 d(图 5-31)。

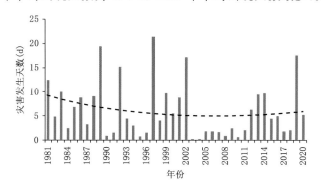

图 5-31　1981—2020 年重度干旱全省年平均出现天数变化规律

1981—2020 年夏玉米重度干旱各生态区的年平均出现天数的逐年变化均呈现逐渐降低的趋势;半岛玉米区出现天数在 0～31.8 d,1997 年出现天数最多,平均为 31.8 d;鲁中山地丘陵玉米区在 0～19.8 d,2019 年出现天数最多,平均为 19.8 d;鲁西北平原玉米区在 0.1～23.7 d,1989 年出现天数最多,平均为 23.7 d;鲁南西部平原玉米区出现天数在 0～25.0 d,1989 年出现天数最多,平均为 25.0 d(图 5-32)。

2. 出现区域的出现天数变化规律

1981—2020 年夏玉米重度干旱出现区域的年平均出现天数在 1.2～22.3 d;1981—1990 年平均出现天数为 10.8 d,1991—2000 年平均出现天数为 8.9 d,2001—2010 年平均出现天数为 7.2 d,2011—2020 年平均出现天数为 9.2 d,1997 年出现天数最多,平均为 22.3 d(图 5-33)。

(二)空间分布规律

1981—2020 年夏玉米重度干旱每 10 年平均出现 10 d 以上的区域呈现先缩小后扩大的趋势。20 世纪 80 年代主要出现在鲁西北西部、鲁南西部、鲁中西部及半岛地区(图 5-34,1981—1990 年);90 年代向东偏移,主要在鲁西北西部及东部、鲁中东部及半岛地区(图 5-34,1991—2000 年);进入 21 世纪前 10 年全省出现天数均在 10 d 以下(图 5-34,2001—2010 年);2011 年以来主要出现在鲁中西南部、鲁南中西部及半岛大部地区(图 5-34,2011—2020 年)。

1981—2020 年夏玉米重度干旱逐年出现情况如图 5-35 所示。

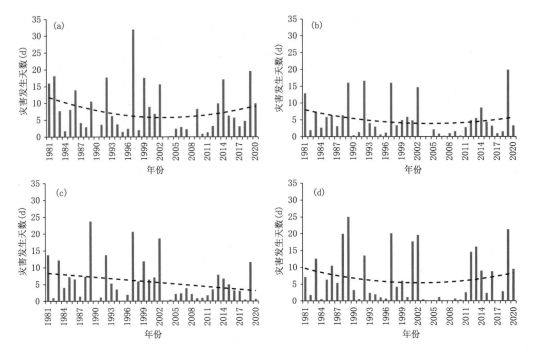

图 5-32　1981—2020 年半岛玉米区(a),鲁中山地丘陵玉米区(b),鲁西北平原玉米区(c),
鲁南西部平原玉米区(d)重度干旱全省年平均变化规律

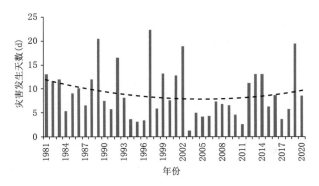

图 5-33　1981—2020 年重度干旱出现区域年平均出现天数变化规律

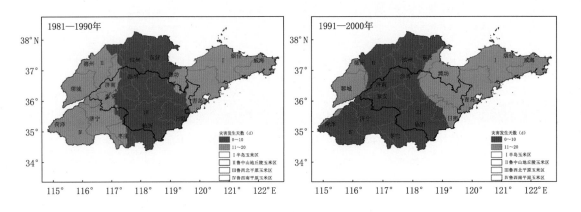

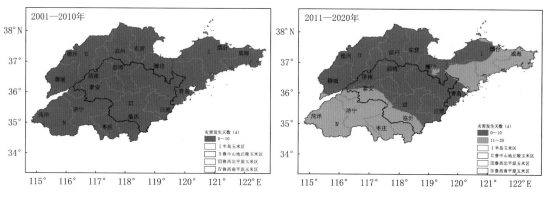

图 5-34 1981—2020 年重度干旱每 10 年平均出现天数空间分布图

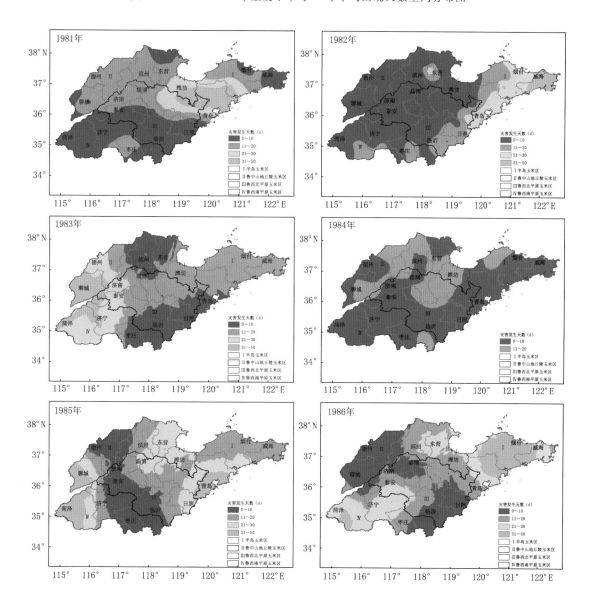

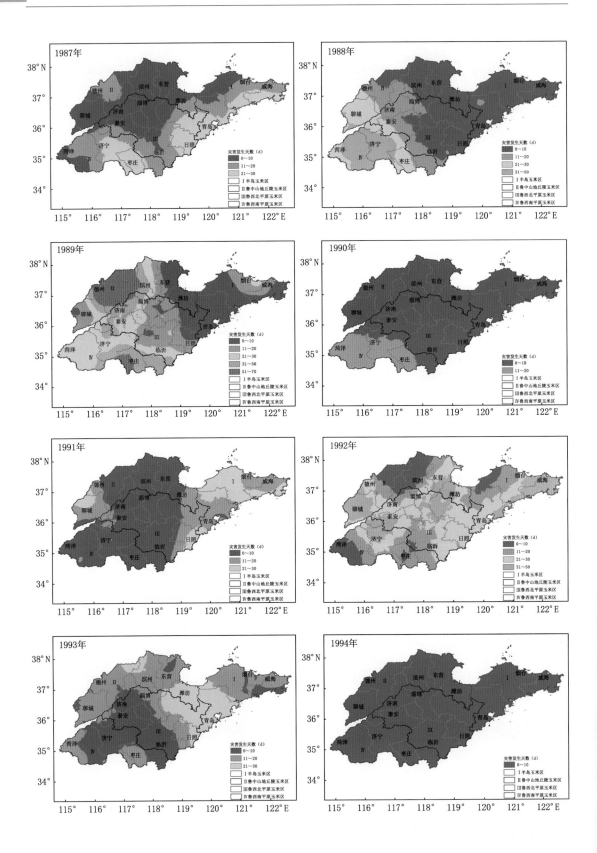

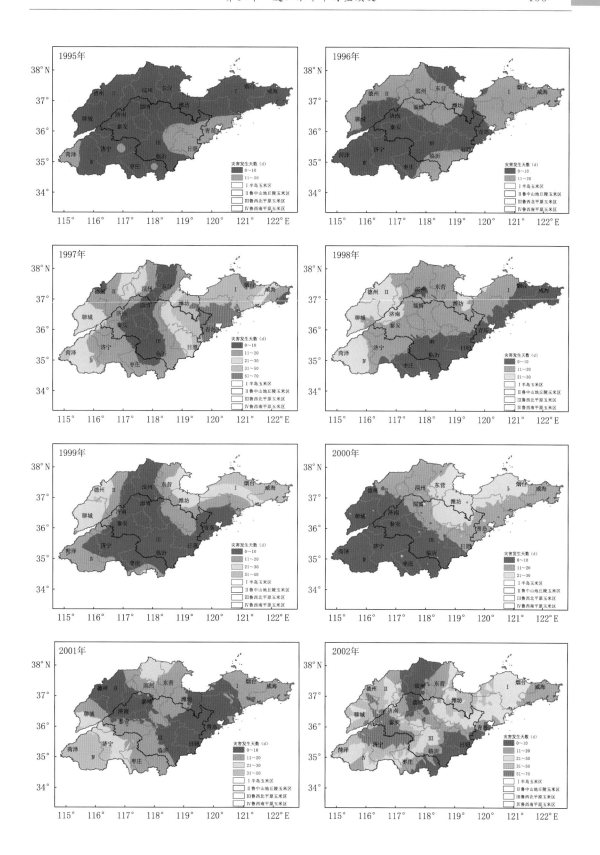

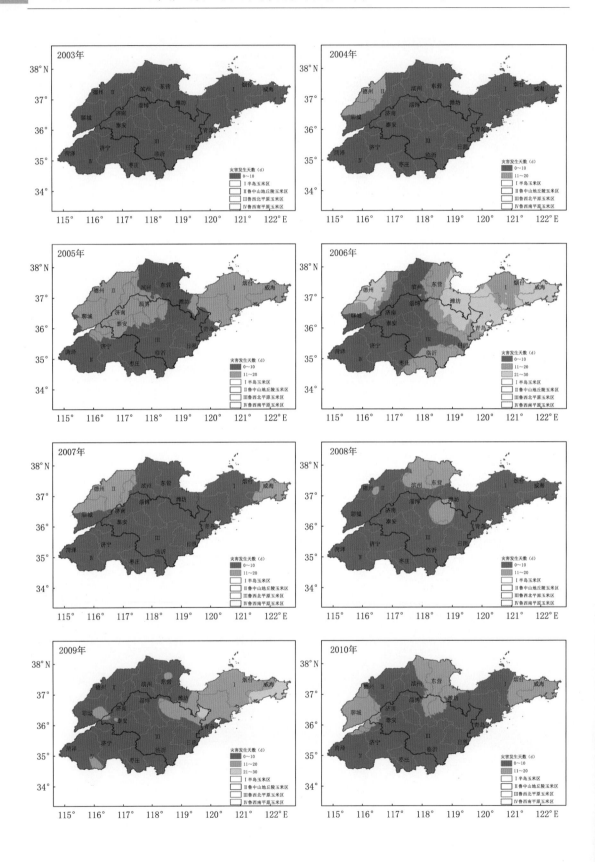

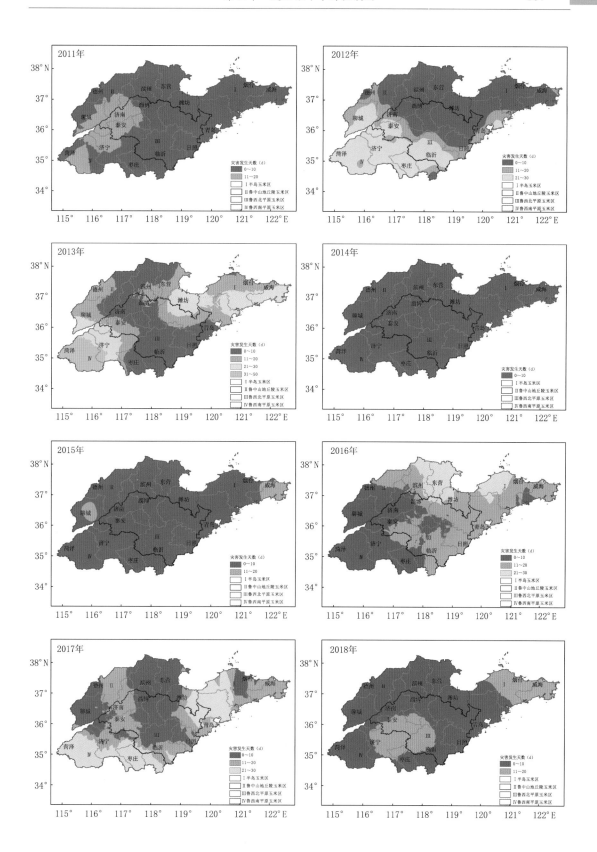

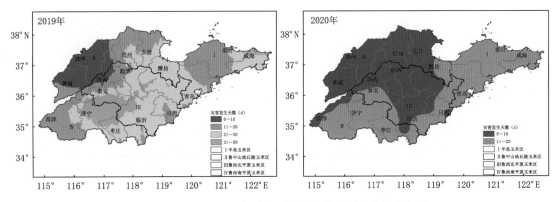

图 5-35　1981—2020 年重度干旱逐年出现天数空间分布图

二、2021—2050 年重度干旱变化规律预估

（一）时间变化规律

1. RCP4.5 情景下时间变化规律

（1）全省变化规律

2021—2050 年 RCP4.5 情景下夏玉米重度干旱的全省年平均出现天数在 0～40.7 d；2021—2030 年平均出现天数为 8.7 d，2031—2040 年平均出现天数为 2.3 d，2041—2050 年平均为 6.7 d，2021 年出现天数最多，平均为 40.7 d（图 5-36）。

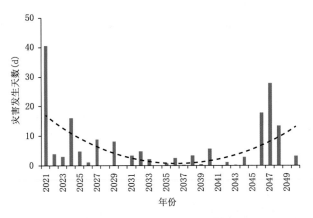

图 5-36　2021—2050 年重度干旱全省年平均出现天数变化规律

2021—2050 年 RCP4.5 情景下夏玉米重度干旱各生态区的年平均出现天数的逐年变化趋势为先降低再升高的趋势。半岛玉米区出现天数在 0～33.4 d，鲁中山地丘陵玉米区平均出现天数在 0～44.0 d，鲁西北平原玉米区在 0～37.9 d，2021 年出现天数最多，鲁南西部平原玉米区，平均出现天数在 0～49.9 d，4 个生态区均为 2021 年出现天数最多，分别为 33.4 d、44.0 d、37.9 d 以及 49.9 d（图 5-37）。

（2）出现区域的出现天数变化规律

2021—2050 年 RCP4.5 情景下夏玉米重度干旱出现区域的年平均出现天数在 0～40.7 d，呈现两端高、中间低的趋势；2021—2030 年平均出现天数为 12.0 d，2031—2040 年平

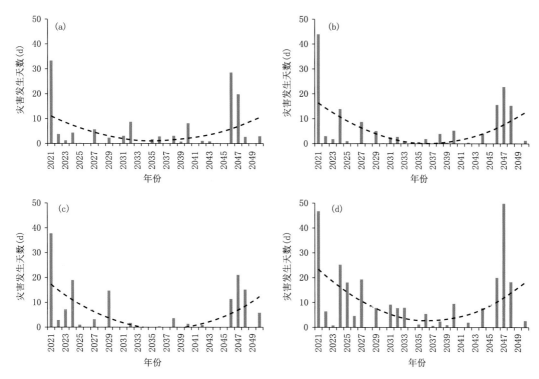

图 5-37　2021—2050 年半岛玉米区(a),鲁中山地丘陵玉米区(b),鲁西北平原玉米区(c),
鲁南西部平原玉米区(d)重度干旱年平均变化规律

均出现天数为 6.4 d,2041—2050 年平均出现天数为 8.9 d,2021 年平均出现天数最多,为 40.7 d
(图 5-38)。

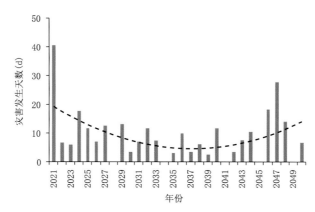

图 5-38　2021—2050 年重度干旱出现区域年平均出现天数变化规律

2. RCP8.5 情景下随时间变化规律

(1)全省变化规律

2021—2050 年 RCP8.5 情景下夏玉米重度干旱的全省年平均出现天数在 0～31.2 d,呈
现缓慢增加的趋势;2021—2030 年平均出现天数为 4.6 d,2031—2040 年平均出现天数为
4.2 d,2041—2050 年平均出现天数为 7.7 d,2050 年平均出现天数最多,为 31.2 d(图 5-39)。

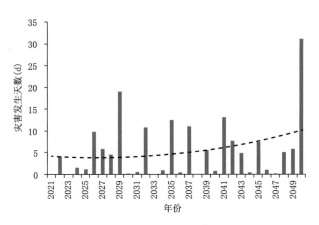

图 5-39　2021—2050 年重度干旱全省年平均出现天数变化规律

　　2021—2050 年 RCP8.5 情景下夏玉米重度干旱各生态区的年平均出现天数的逐年变化趋势均变化不大;半岛丘陵晚熟小麦类型区出现天数在 1.4~28.5 d,2032 年平均出现天数最多,为 28.5 d;鲁中山地丘陵玉米区出现天数在 3.2~33.3 d,2046 年平均出现天数最多,为 33.3 d;鲁西北平原玉米区出现天数在 3.8~33.9 d,2038 年平均出现天数最多为 33.9 d;鲁南西部平原玉米区平均出现天数在 3.5~32.5 d,2034 年平均出现天数最多为 32.5 d(图 5-40)。

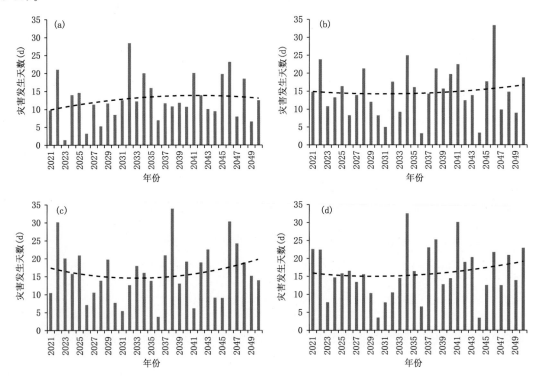

图 5-40　2021—2050 年半岛玉米区(a),鲁中山地丘陵玉米区(b),鲁西北平原玉米区(c),
鲁南西部平原玉米区(d)重度干旱年平均变化规律

（2）出现区域的出现天数变化规律

2021—2050 年 RCP8.5 情景下夏玉米重度干旱出现区域的年平均出现天数在 0～31.2 d，呈现缓慢增加的趋势；2021—2030 年平均出现天数为 7.3 d，2031—2040 年平均出现天数为 6.6 d，2041—2050 年平均出现天数为 10.2 d，2050 年平均出现天数最多，为 31.2 d（图 5-41）。

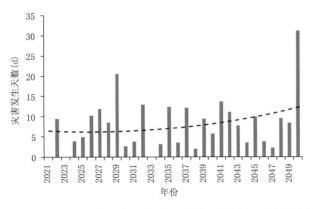

图 5-41　2021—2050 年重度干旱出现区域年平均出现天数变化规律

（二）空间分布规律

1. RCP4.5 情景下空间分布规律

（1）每 10 年平均空间分布规律

2011—2050 年每 10 年平均夏玉米种植区域重度干旱出现 10 d 以上的区域整体呈现缩小的趋势。21 世纪第 2 个 10 年主要出现在鲁中西南部、鲁南大部及半岛地区（图 5-42，2011—2020 年）；20 年代向西偏移，主要在鲁西北西部、鲁中西南部以及鲁南大部（图 5-42，2021—2030 年）；30 年代全省出现区域主要在鲁南南部、半岛东南部地区（图 5-42，2031—2040 年）；40 年代出现区域主要在鲁南的西南部地区（图 5-42，2041—2050 年）。

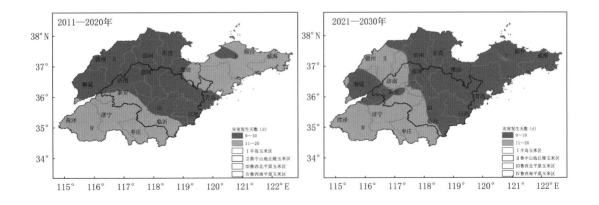

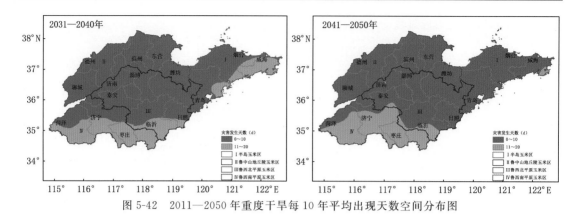

图 5-42　2011—2050 年重度干旱每 10 年平均出现天数空间分布图

(2)逐年空间分布规律

2021—2050 年夏玉米重度干旱逐年出现情况如图 5-43 所示。

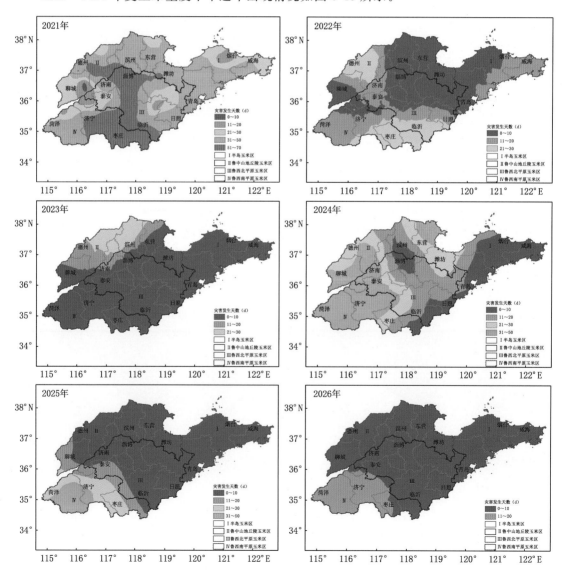

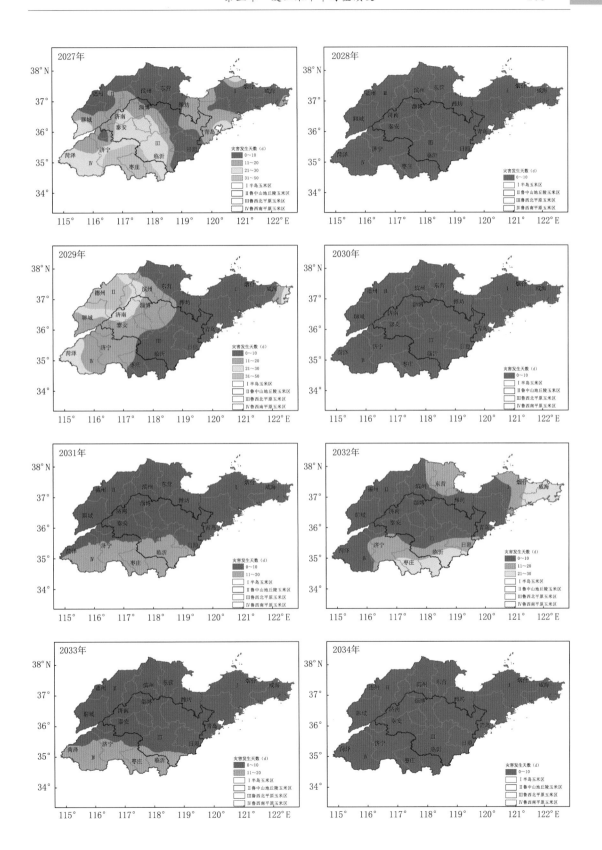

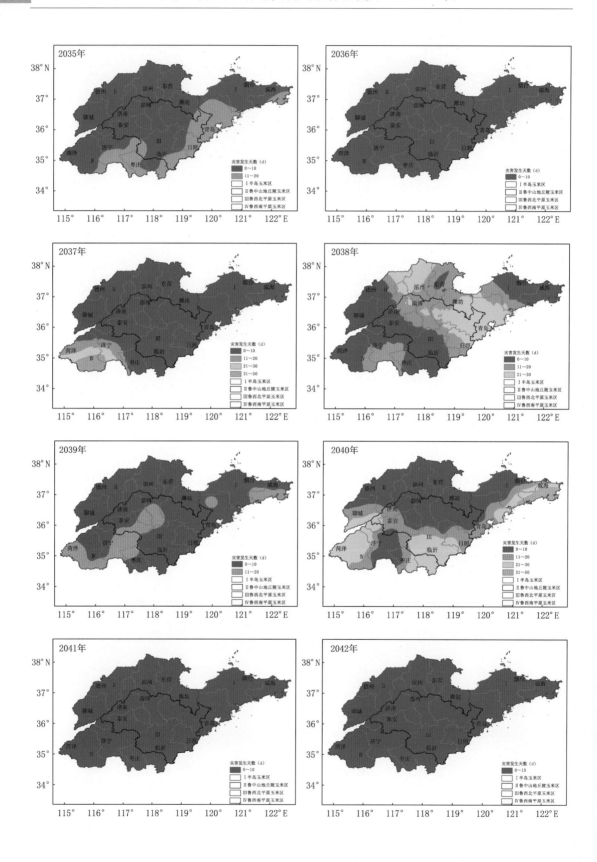

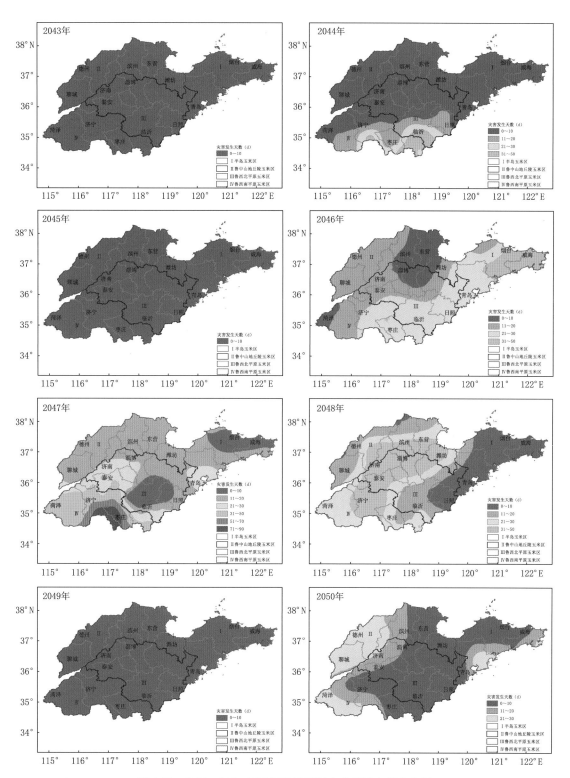

图 5-43　2021—2050 年重度干旱逐年出现天数空间分布图

2. RCP8.5情景下空间分布规律

(1)每10年平均出现天数空间分布规律

2011—2050年每10年平均夏玉米种植区域重度干旱出现10 d以上的区域总体呈现扩大趋势;21世纪第2个10年主要出现在半岛东部、鲁南西部地区(图5-44,2011—2020年);20年代向西南偏移,主要出现在鲁南大部、鲁中南部以及半岛东部地区(图5-44,2021—2030年);30年代全省地区均在10 d以内(图5-44,2031—2040年);40年代出现区域与20年代相比明显扩大,主要出现在鲁西北大部、鲁中西南部以及鲁南大部地区(图5-44,2041—2050年)。

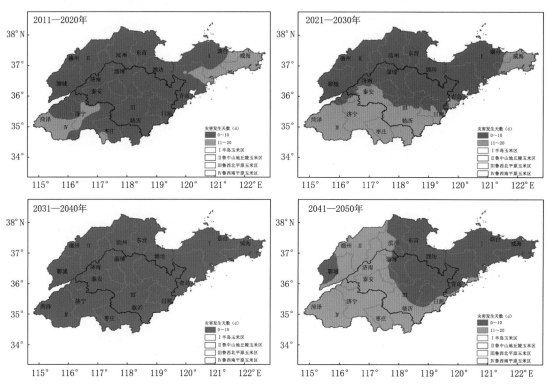

图5-44 2011—2050年重度干旱每10年平均出现天数空间分布图

(2)逐年空间分布规律

2021—2050年夏玉米重度干旱逐年出现情况如图5-45所示。

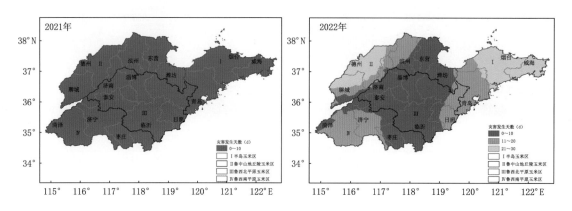

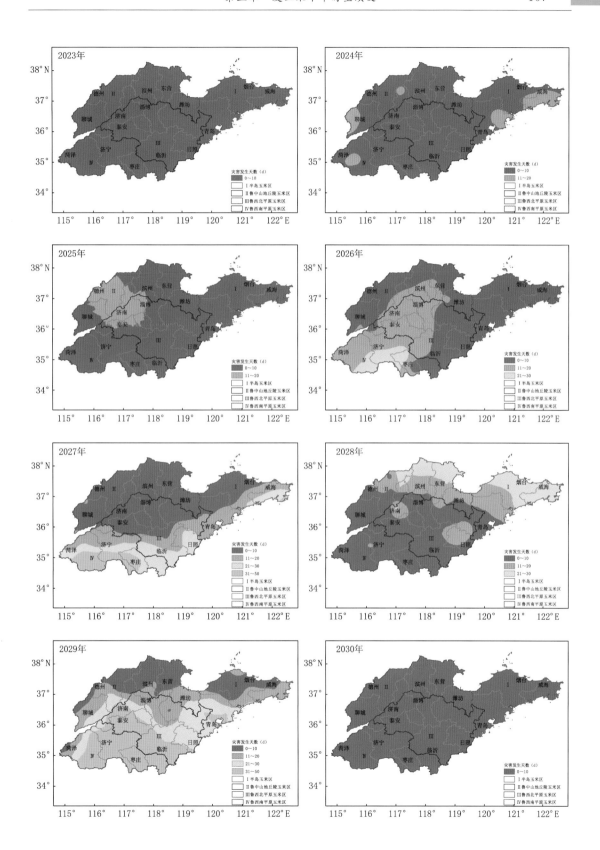

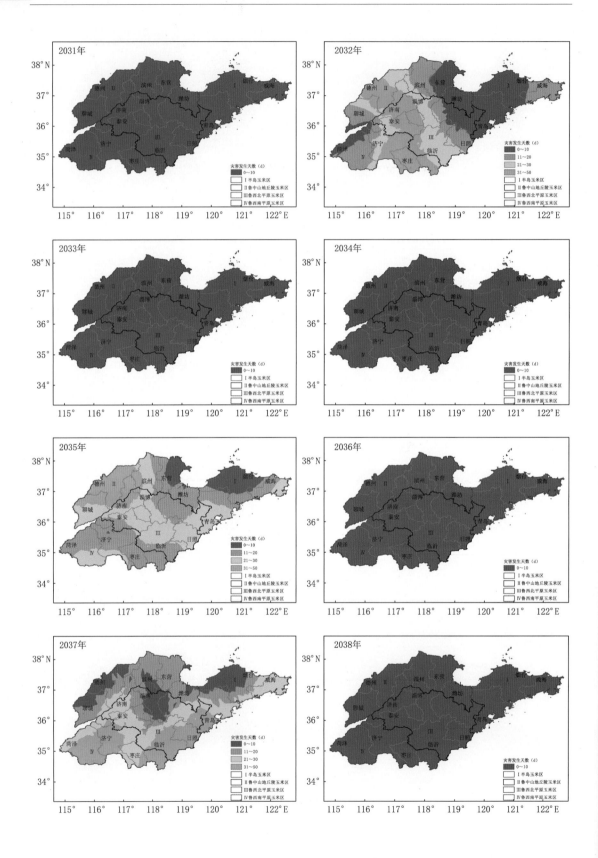

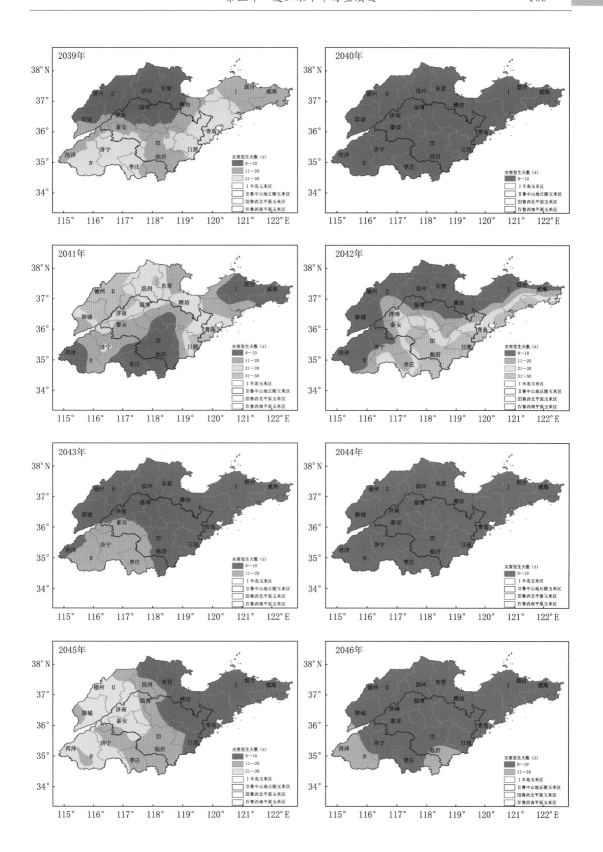

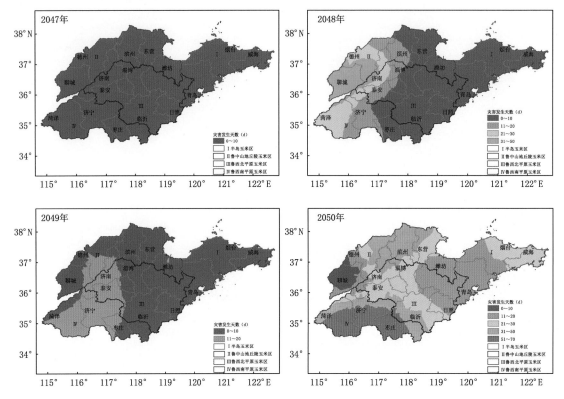

图 5-45　2021—2050 年重度干旱逐年出现天数空间分布图

第六章　夏玉米高温热害时空演变

第一节　轻度高温热害

一、1981—2020 年夏玉米轻度高温热害变化规律

(一)时间变化规律

1. 全省变化规律

1981—2020 年夏玉米轻度高温热害的全省年平均出现天数在 0～1.7 d。其中,1981—1990 年平均出现天数为 0.1 d,1991—2000 年平均出现天数为 0.4 d,2001—2010 年平均出现天数为 0.1 d,2011—2020 年平均出现天数为 0.1 d,2000 年平均出现天数最多为 1.7 d(图 6-1)。

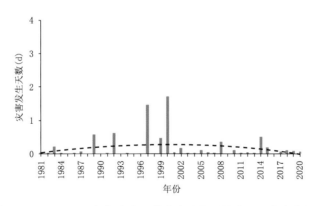

图 6-1　1981—2020 年轻度高温热害全省年平均出现天数变化规律

　　1981—2020 年半岛玉米区,鲁中山地丘陵玉米区,鲁西北平原玉米区的夏玉米轻度高温热害年平均出现天数的逐年变化呈现两端低、中间高的趋势。鲁南西部平原玉米区逐年变不明显,各生态区轻度高温热害主要出现在 1997—2000 年;半岛玉米区出现天数在 0～2.5 d,1997 年出现天数最多为 2.5 d;鲁中山地丘陵玉米区出现天数在 0～2.9 d,2000 年出现天数最多为 2.9 d;鲁西北平原玉米区出现天数在 0～2.2 d,2000 年出现天数最多为 2.0 d;鲁南西部平原玉米区在 0～0.5 d,2002 年出现天数最多为 0.5 d(图 6-2)。

2. 出现区域的出现天数变化规律

1981—2020 年夏玉米轻度高温热害出现区域的年平均出现天数在 0～3.4 d。其中,1981—1990 年平均出现天数为 1.0 d,1991—2000 年平均出现天数为 1.2 d,2001—2010 年平均出现天数为 1.3 d,2011—2020 年为 1.3 d;2000 年出现天数最多为 3.4 d(图 6-3)。

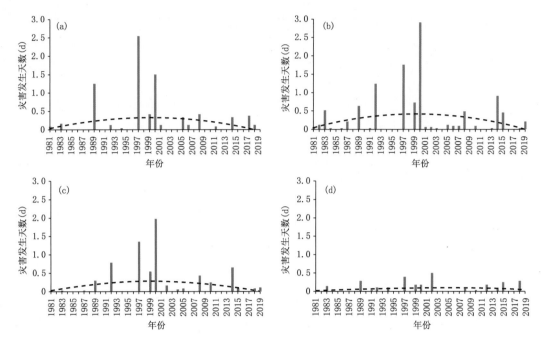

图 6-2　1981—2020 年半岛玉米区(a),鲁中山地丘陵玉米区(b),鲁西北平原玉米区(c),
鲁南西部平原玉米区(d)轻度高温热害年平均变化规律

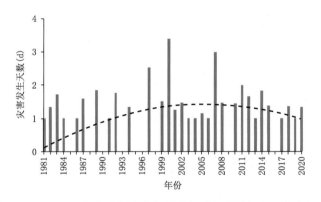

图 6-3　1981—2020 年轻度高温热害出现区域年平均出现天数变化规律

(二)空间分布规律

1981—2020 年夏玉米轻度高温热害每 10 年平均出现区域的变化呈缩小趋势。20 世纪
80 年代出现天数在 1 d 以上的区域主要是鲁西北南部、鲁中大部及半岛大部地区(图 6-4,
1981—1990 年);90 年代出现区域主要在鲁西北东部、鲁中大部及半岛西部地区(图 6-4,
1991—2000 年);21 世纪前 10 年主要出现在鲁西北东部、鲁中中部、鲁南中部及半岛中部地区
(图 6-4,2001—2010 年);2011 年以来,出现区域与 21 世纪第 2 个 10 年基本一致,主要出现在
鲁西北东部、鲁中中部及鲁南中部,但鲁中范围有所扩大(图 6-4,2011—2020 年)。

1981—2020 年夏玉米轻度高温热害逐年出现情况如图 6-5 所示。

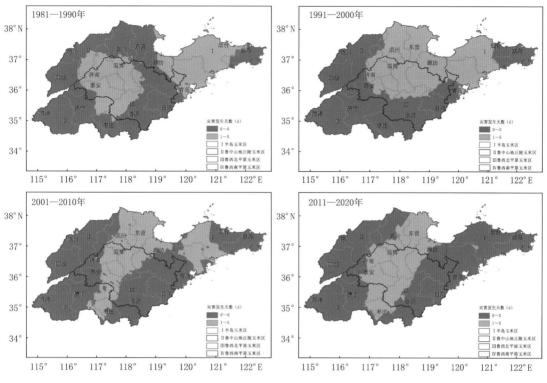

图 6-4　1981—2020 年轻度高温热害每 10 年平均出现天数空间分布图

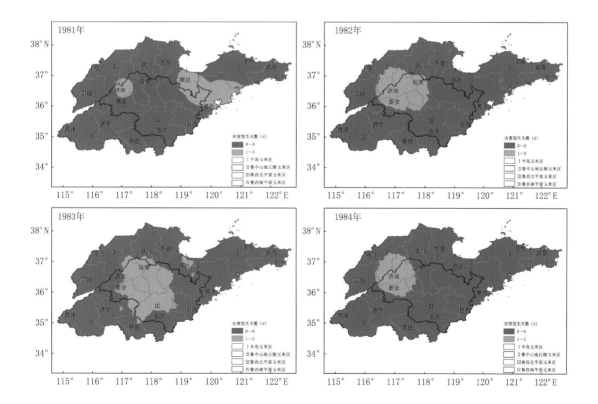

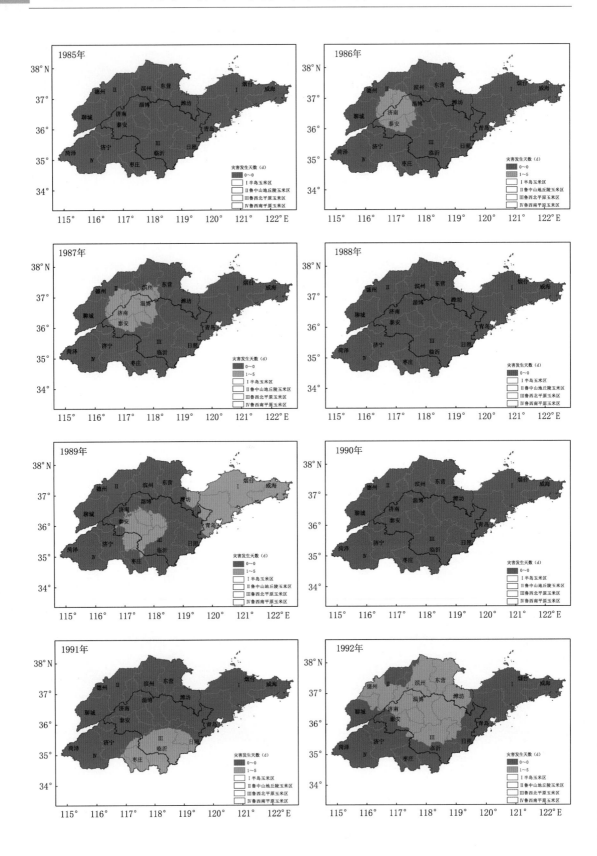

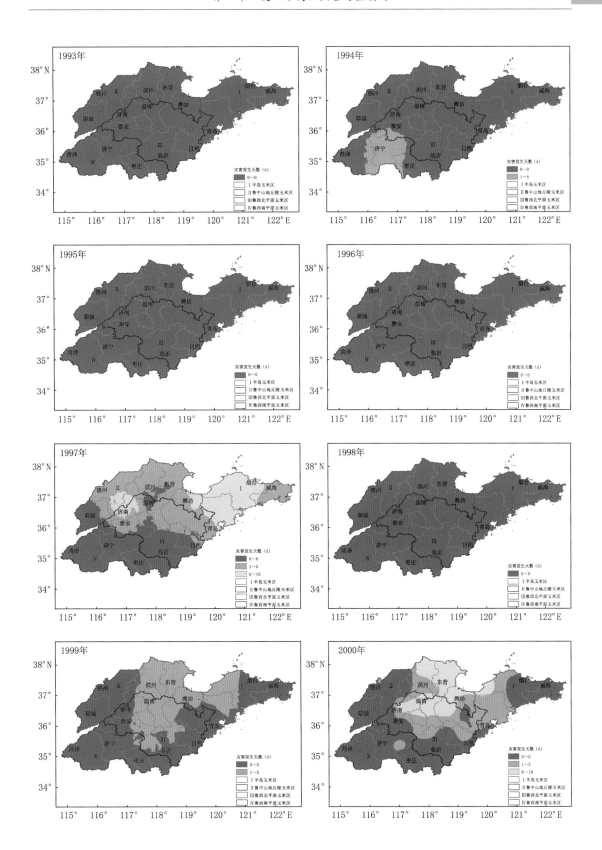

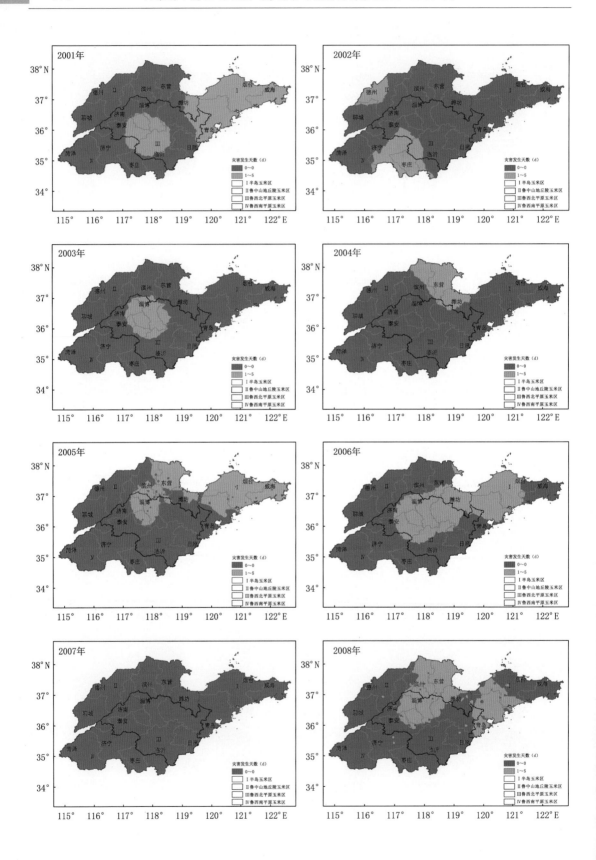

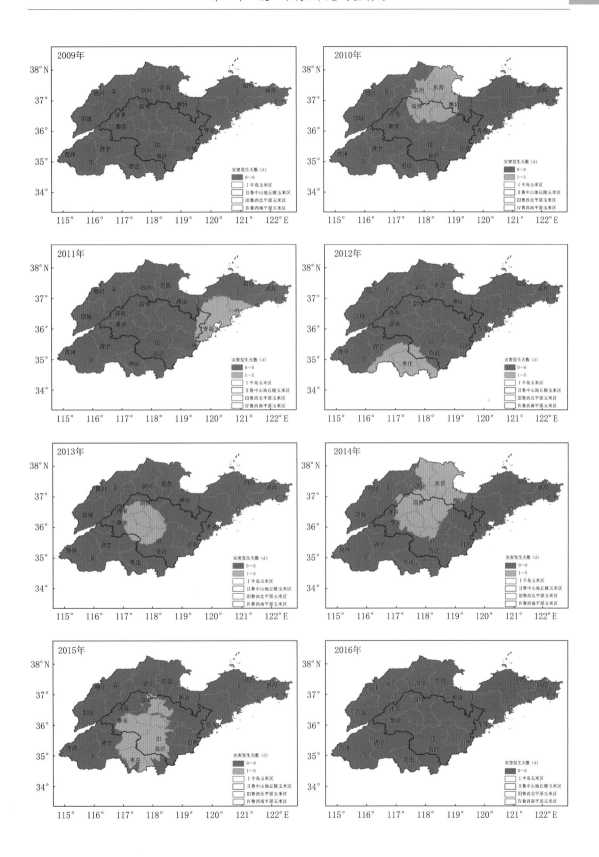

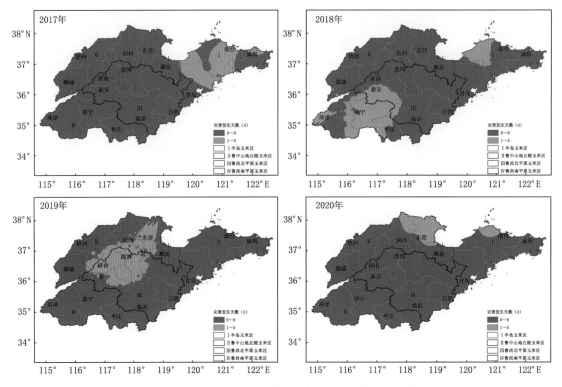

图 6-5　1981—2020 年轻度高温热害年出现天数空间分布图

二、2021—2050 年夏玉米轻度高温热害变化规律预估

(一)时间变化规律

1. RCP4.5 情景下时间变化规律

(1)全省变化规律

2021—2050 年 RCP4.5 情景下夏玉米轻度高温热害的全省年平均出现天数在 0～15.8 d；2021—2030 年平均出现天数为 7.6 d,2031—2040 年平均出现天数为 3.9 d,2041—2050 年平均出现天数为 7.8 d;2021 年出现天数最多平均为 15.8 d(图 6-6)。

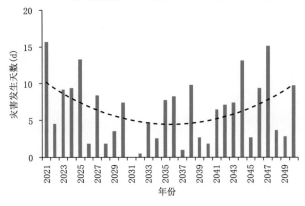

图 6-6　2021—2050 年轻度高温热害全省年平均出现天数变化规律

2021—2050 年 RCP4.5 情景下夏玉米轻度高温热害各生态区的年平均出现天数的逐年变化均呈现两端高、中间低的趋势。半岛玉米区出现天数在 0～11.7 d,鲁中山地丘陵玉米区出现天数在 0～16.4 d,鲁西北平原玉米区出现天数在 0～17.0 d,鲁南西部平原玉米区出现天数在 0～16.9 d;各分区均为 2021 年平均出现天数最多,分别为 11.7 d、16.4 d、17.0 d、16.9 d(图 6-7)。

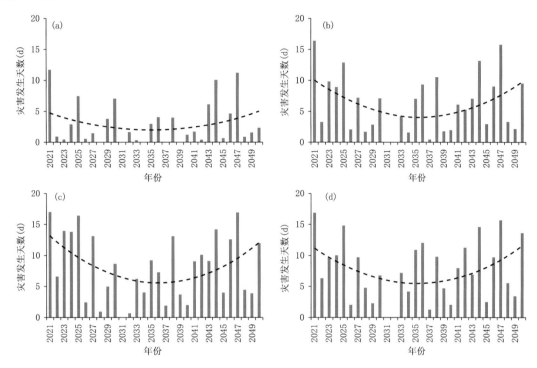

图 6-7　2021—2050 年半岛玉米区(a),鲁中山地丘陵玉米区(b),鲁西北平原玉米区(c),
鲁南西部平原玉米区(d)轻度高温热害年平均变化规律

(2)出现区域的出现天数变化规律

2021—2050 年 RCP4.5 情景下夏玉米轻度高温热害出现区域的年平均出现天数在 0～16.0 d。其中,2021—2030 年平均出现天数为 8.1 d,2031—2040 年平均出现天数为 4.6 d,2041—2050 年平均出现天数为 8.2 d;2021 年出现天数最多,平均为 16.0 d(图 6-8)。

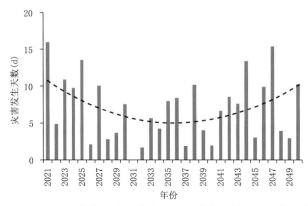

图 6-8　2021—2050 年轻度高温热害出现区域年平均出现天数变化规律

2. RCP8.5情景下全省变化规律

(1)全省变化规律

2021—2050年RCP8.5情景下夏玉米轻度高温热害的全省年平均出现天数在0.5~16.1 d。其中2021—2030年平均出现天数为5.0 d,2031—2040年平均出现天数为4.2 d,2041—2050年平均出现天数为6.8 d;2050年出现天数最多,平均为16.1 d(图6-9)。

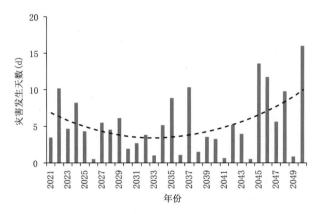

图6-9　2021—2050年轻度高温热害全省年平均出现天数变化规律

2021—2050年RCP8.5情景下夏玉米轻度高温热害各生态区的年平均出现天数的逐年变化均呈现两端高、中间低的趋势;半岛玉米区出现天数在0~12.5 d,鲁中山地丘陵玉米区出现天数在0.2~16.8 d,鲁西北平原玉米区在0.1~17.0 d,鲁南西部平原玉米区在0.2~17.0 d;各分区均为2050年出现天数最多,平均为12.5 d、16.8 d、17.0 d、17.0 d(图6-10)。

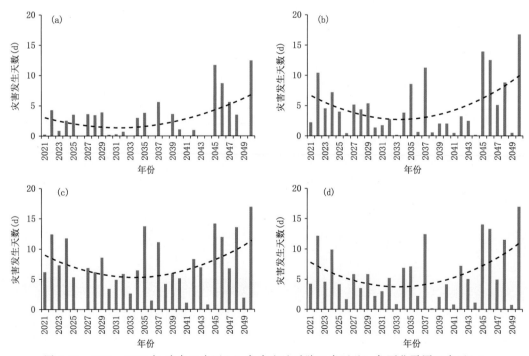

图6-10　2021—2050年 半岛玉米区(a),鲁中山地丘陵玉米区(b),鲁西北平原玉米区(c),
鲁南西部平原玉米区(d)轻度高温热害年平均变化规律

（2）出现区域的出现天数变化规律

2021—2050 年 RCP8.5 情景下夏玉米轻度高温热害出现区域的年平均出现天数在 1.4～16.1 d；2021—2030 年平均出现天数为 5.5 d，2031—2040 年平均出现天数为 5.0 d，2041—2050 年平均出现天数为 7.3 d；2050 年出现天数最多，平均为 16.1 d（图 6-11）。

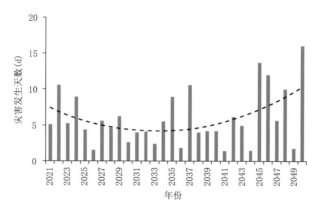

图 6-11　2021—2050 年轻度高温热害出现区域年平均出现天数变化规律

（二）空间分布规律

1. RCP4.5 情景下空间分布规律

（1）每 10 年平均空间分布规律

2011—2050 年夏玉米轻度高温热害出现 5 d 以上的区域在 2020 年后明显扩大，2021—2050 年间每 10 年出现区域变化不明显。21 世纪第 2 个 10 年全省出现天数均在 5 d 以内，其中鲁西北东部、鲁中大部、鲁南中部及半岛北部地区在 1～5 d（图 6-12，2011—2020 年）；20 年代主要出现在鲁西北、鲁中西北部及鲁南西部地区（图 6-12，2021—2030 年）；30 年代出现区域有所减小，主要出现在鲁西北西部、鲁中西部及鲁南西部地区（图 6-12，2031—2040 年）；40 年代出现区域与 30 年代基本一致，但鲁西北出现的范围略有扩大（图 6-12，2041—2050 年）。

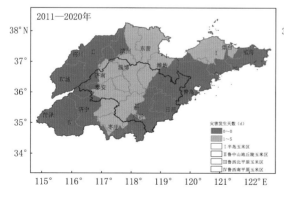
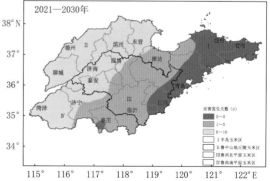

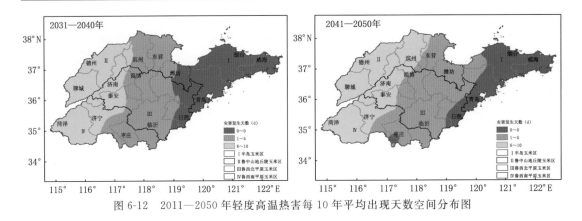

图 6-12　2011—2050 年轻度高温热害每 10 年平均出现天数空间分布图

(2)逐年空间分布规律

2021—2050 年夏玉米轻度高温热害逐年出现情况如图 6-13 所示。

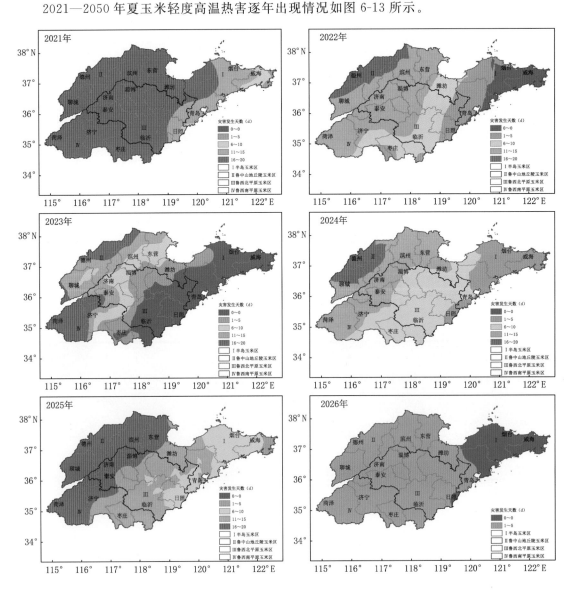

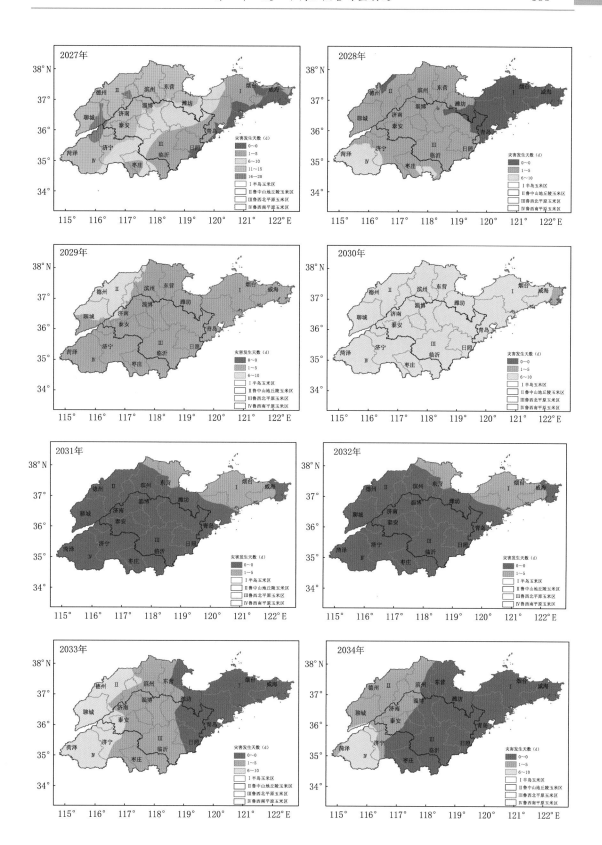

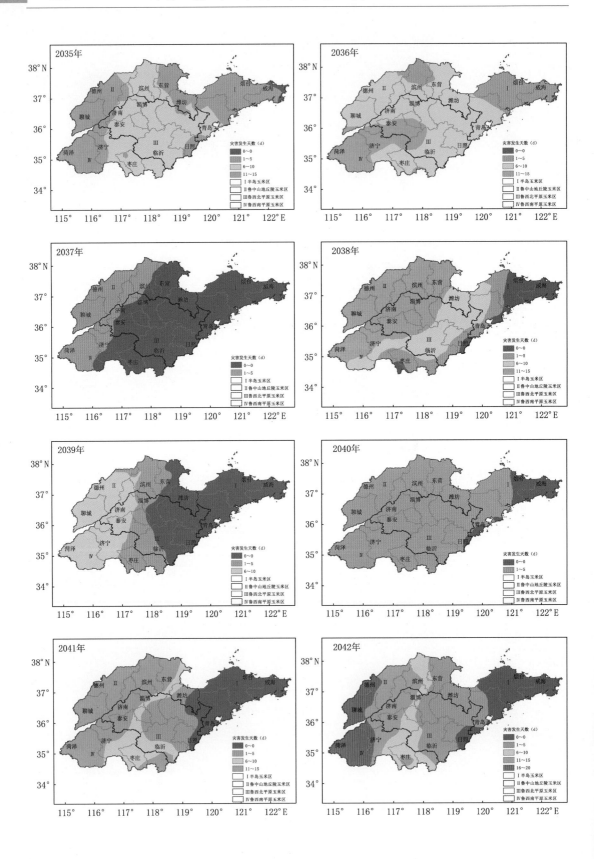

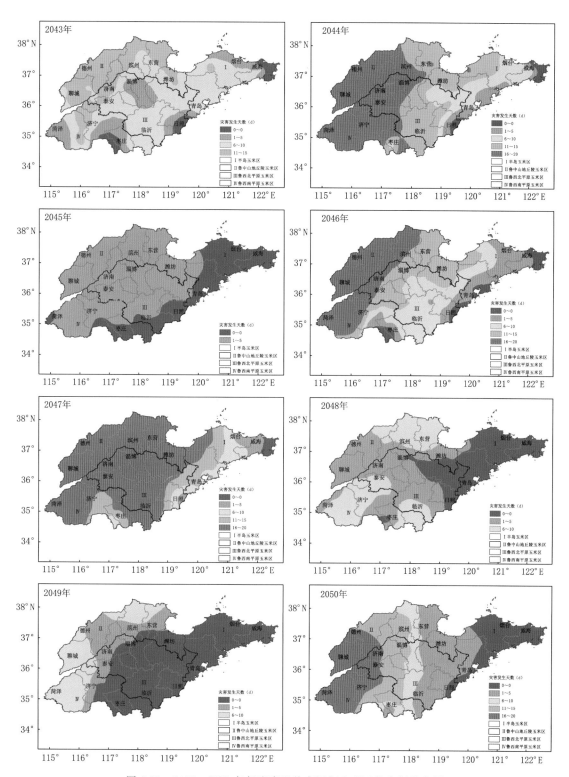

图 6-13　2021—2050 年轻度高温热害逐年出现天数空间分布图

2. RCP8.5情景下空间分布规律

(1)每10年平均空间分布规律

2011—2050年夏玉米轻度高温热害2020年后的10年出现5 d以上的区域明显扩大。21世纪第2个10年全省出现天数均在5 d以内,其中鲁西北、鲁中大部出现天数在1~5 d(图6-14,2011—2020年);20年代出现天数在5 d以上的区域主要是鲁西北、鲁中西北部及鲁南地区(图6-14,2021—2030年);30年代出现区域比20年代有所缩小,主要出现在鲁西北的中西部、鲁中的西北部及鲁南西部部分地区(图6-14,2031—2040年);40年代出现区域较30年代有所增加,主要出现在鲁西北大部、鲁中的西北部及鲁南西部(图6-14,2041—2050年)。

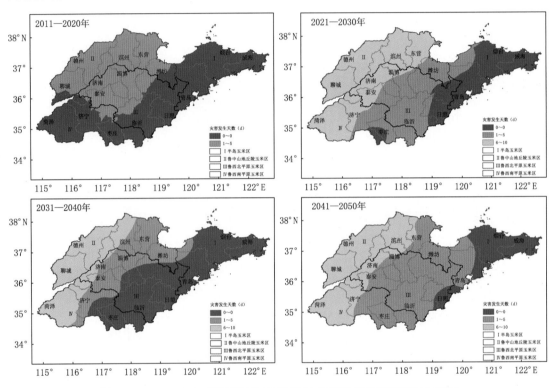

图6-14 2011—2050年轻度高温热害每10年平均出现天数空间分布图

(2)逐年空间分布规律

2021—2050年夏玉米轻度高温热害逐年出现情况如图6-15所示。

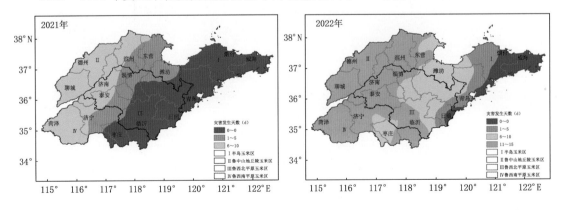

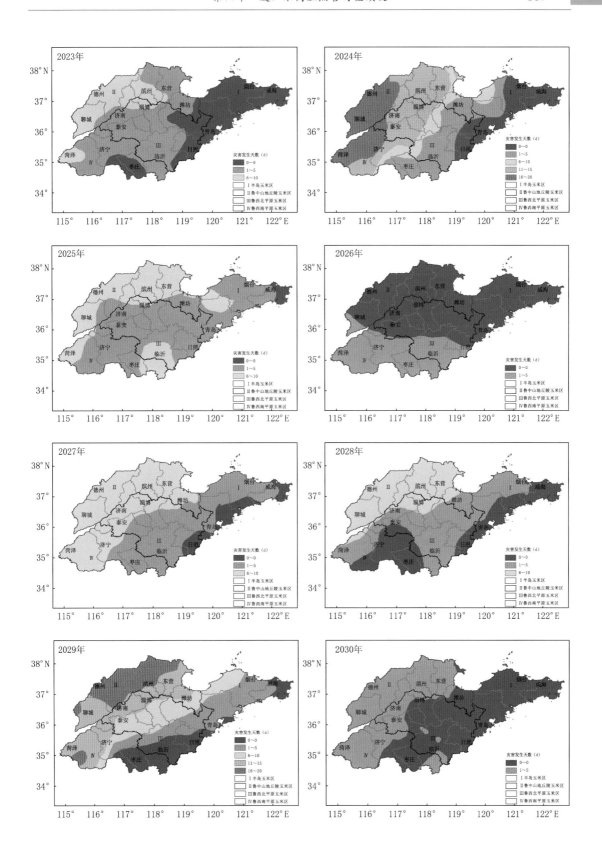

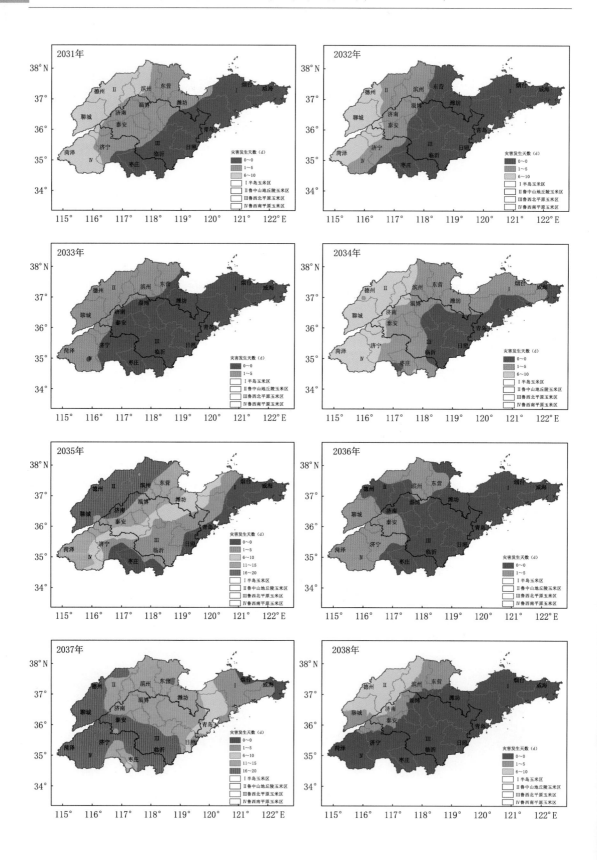

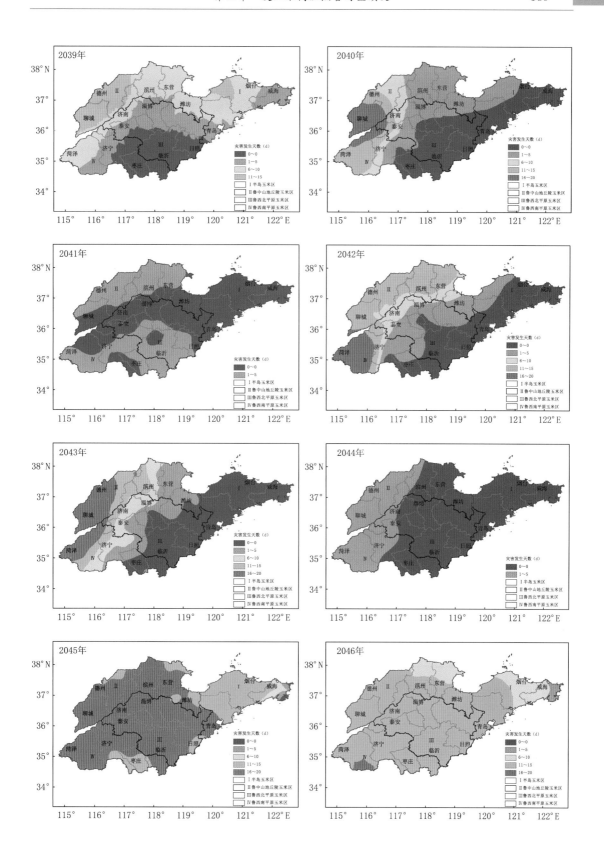

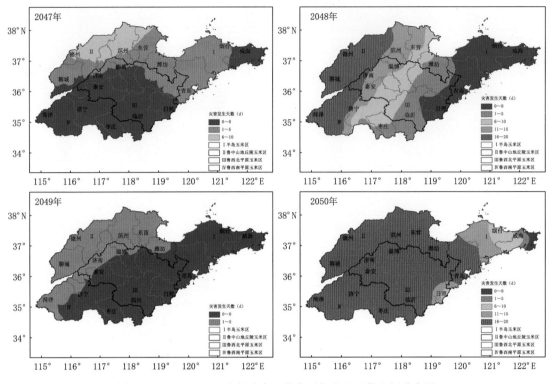

图 6-15　2021—2050 年轻度高温热害逐年出现天数空间分布图

第二节　重度高温热害

一、1981—2020 年夏玉米重度高温热害变化规律

(一)时间变化规律

1. 全省变化规律

1981—2020 年夏玉米重度高温热害的全省年平均出现天数在 0.1～6.3 d。其中,1981—1990 年平均出现天数为 0.7 d,1991—2000 年平均出现天数为 1.6 d,2001—2010 年平均出现天数为 1.0 d,2011—2020 年平均出现天数为 2.5 d,2018 年平均出现天数最多为 6.3 d(图 6-16)。

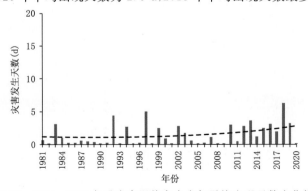

图 6-16　1981—2020 年重度高温热害全省年平均出现天数变化规律

　　1981—2020 年夏玉米重度高温热害各生态区的年平均出现天数的逐年变化均呈现逐渐升高的趋势；半岛玉米区出现天数在 0~3.4 d，1997 年出现天数最多为 3.4 d；鲁中山地丘陵玉米区出现天数在 0~6.0 d，2019 年出现天数最多为 6.0 d；鲁西北平原玉米区出现天数在 0~6.7 d，2019 年出现天数最多为 6.7 d；鲁南西部平原玉米区在 0~8.9 d，2019 年出现天数最多为 8.9 d（图 6-17）。

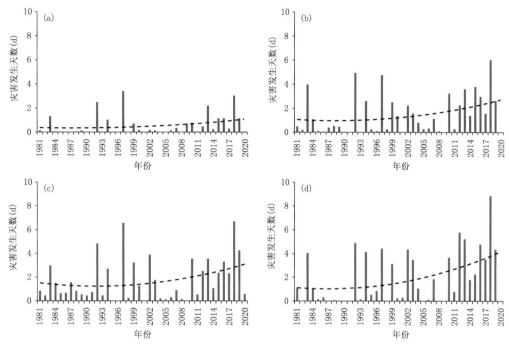

图 6-17　1981—2020 年半岛玉米区(a)，鲁中山地丘陵玉米区(b)，鲁西北平原玉米区(c)，
鲁南西部平原玉米区(d)重度高温热害年平均变化规律

2. 出现区域的出现天数变化规律

　　1981—2020 年夏玉米重度高温热害出现区域的年平均出现天数在 1.1~17.0 d。其中，1981—1990 年平均出现天数为 3.1 d，1991—2000 年平均出现天数为 4.0 d，2001—2010 年平均出现天数为 3.6 d，2011—2020 年平均出现天数为 3.1 d，2009 年平均出现天数最多为 17.0 d（图 6-18）。

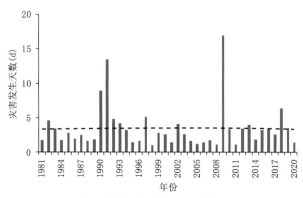

图 6-18　1981—2020 年重度高温热害出现区域年平均出现天数变化规律

(二)空间分布规律

1981—2020 年夏玉米重度高温热害每 10 年平均出现 5 d 以上的区域呈现扩大趋势。20 世纪 80 年出现天数在 5 d 以上的区域主要在鲁西北的东北部(图 6-19,1981—1990 年);90 年代出现 5 d 以上的区域主要是鲁西北中东部、鲁中北部及东北部、鲁南西部的部分地区(图 6-19,1991—2000 年);21 世纪前 10 年全省出现天数均为 5 d 以下(图 6-19,2001—2010 年);2011 年以来出现天数在 5 d 以上的区域主要是鲁西北南部及西部、鲁中北部以及鲁南中西部地区(图 6-19,2011—2020 年)。

1981—2020 年夏玉米重度高温热害逐年出现情况如图 6-20 所示。

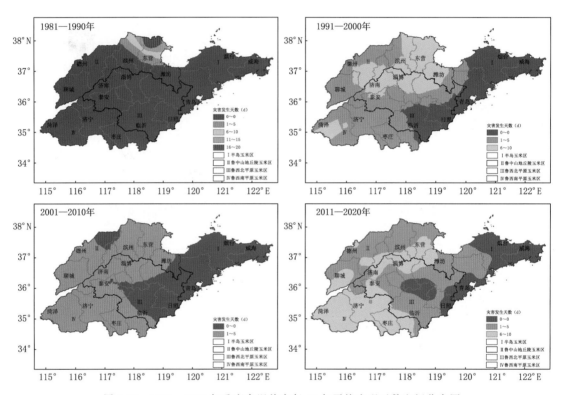

图 6-19　1981—2020 年重度高温热害每 10 年平均出现天数空间分布图

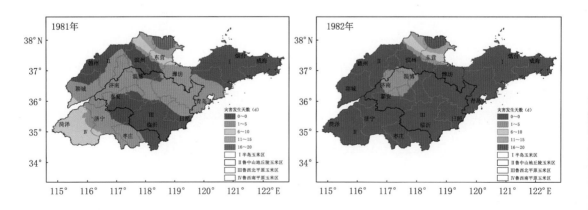

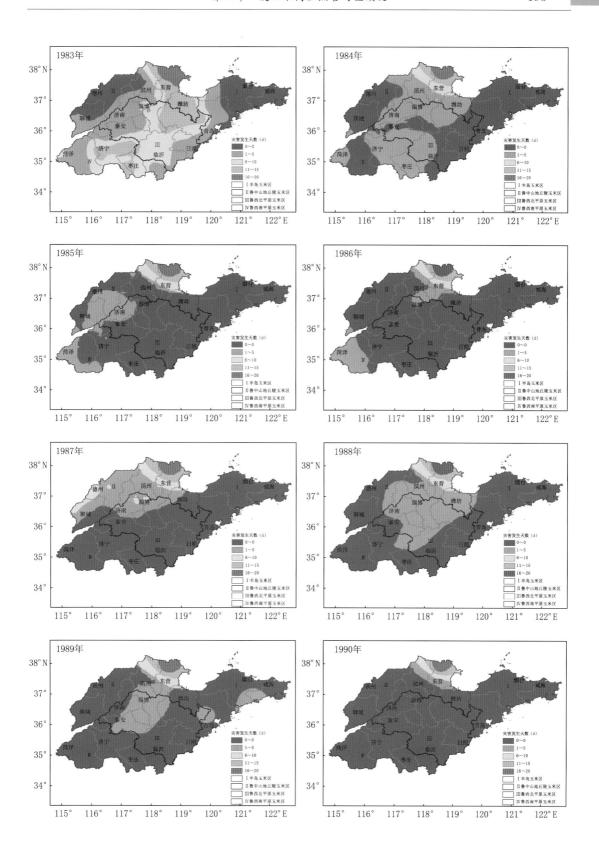

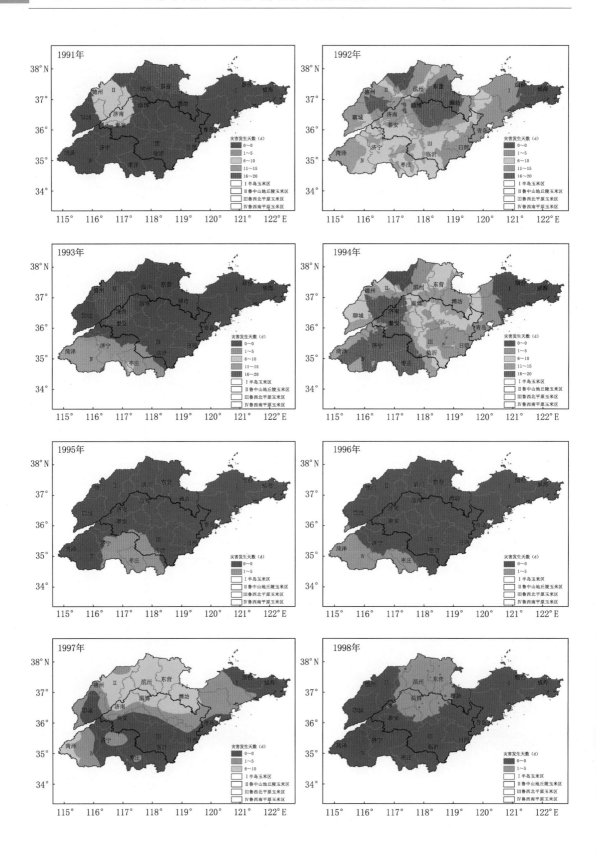

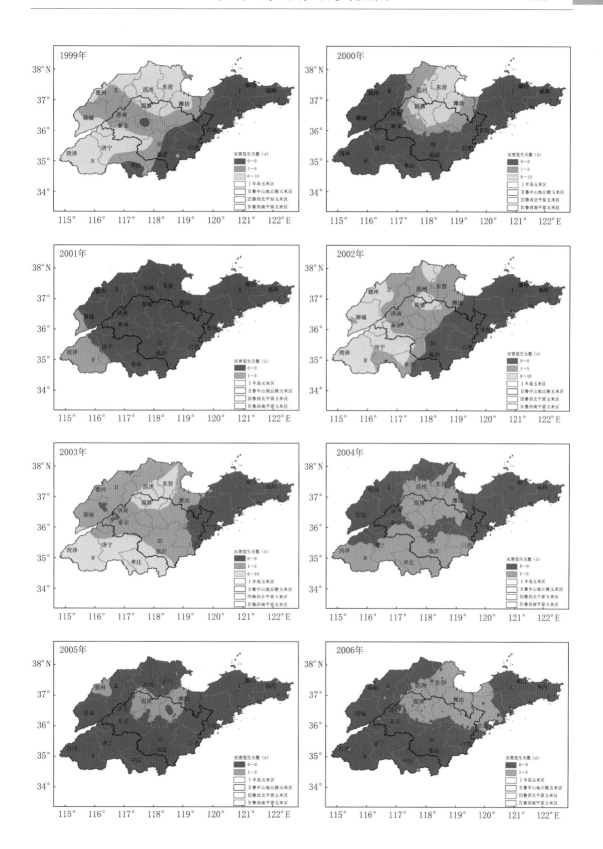

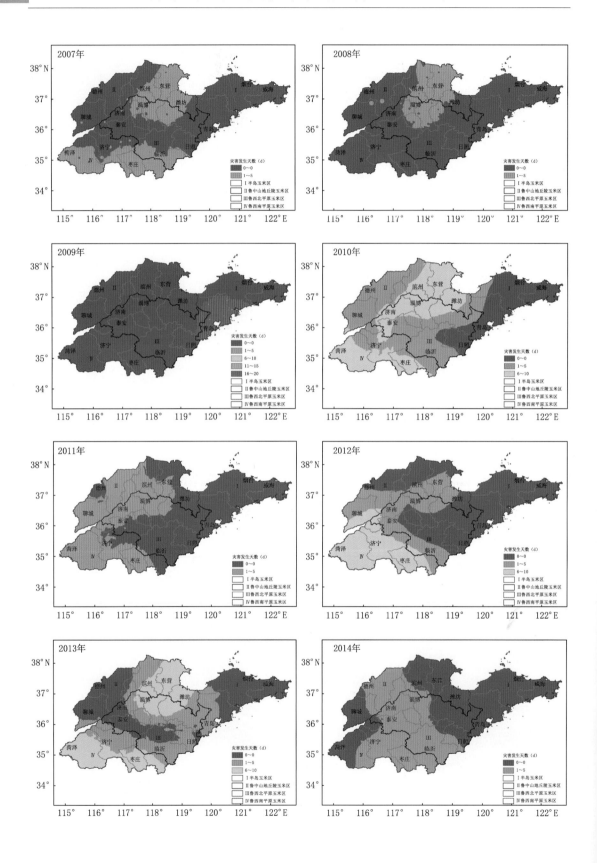

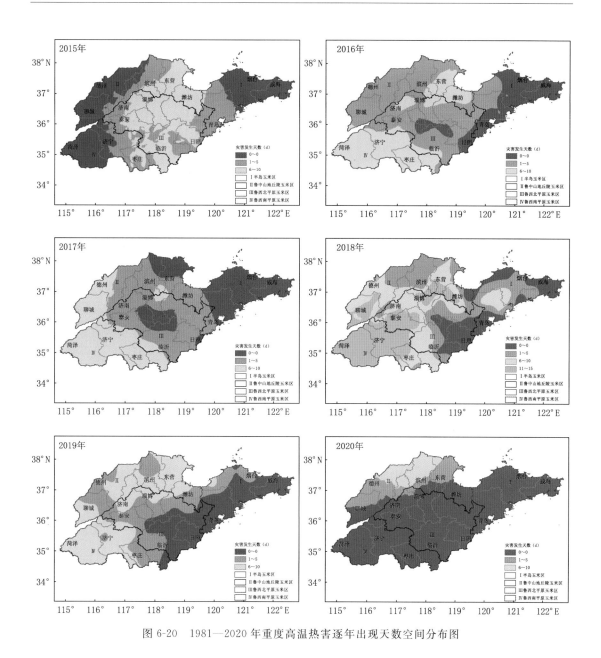

图 6-20　1981—2020 年重度高温热害逐年出现天数空间分布图

二、2021—2050 年夏玉米重度高温热害变化规律预估

(一)时间变化规律

1. RCP4.5 情景下时间变化规律

(1)全省变化规律

2021—2050 年 RCP4.5 情景下夏玉米重度高温热害的全省年平均出现天数在 0.4～15.7 d；2021—2030 年平均出现天数为 7.3 d，2031—2040 年为 4.8 d，2041—2050 年为 8.5 d；2021 年平均出现天数最多，为 15.7 d(图 6-21)。

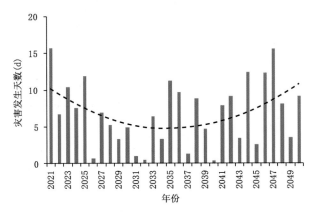

图 6-21　2021—2050 年重度高温热害全省年平均出现天数变化规律

2021—2050 年 RCP4.5 情景下夏玉米重度高温热害各生态区的年平均出现天数的逐年变化均呈现两端高、中间低的趋势。半岛玉米区平均出现天数在 0～11.9 d,鲁中山地丘陵玉米区平均出现天数在 0～11.5 d,鲁西北平原玉米区在 0.3～17.0 d,鲁南西部平原玉米区在 0～16.6 d;各生态区 2047 年平均出现天数最多,分别为 11.9 d、16.2 d、16.9 d、16.6 d(图 6-22)。

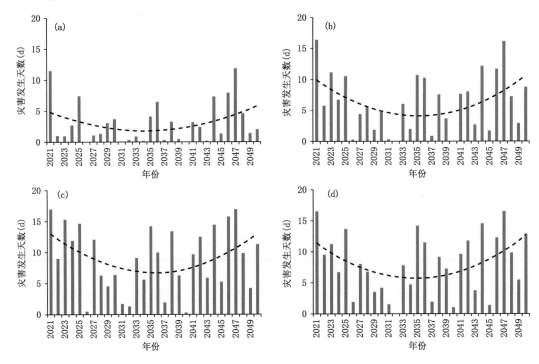

图 6-22　2021—2050 年半岛玉米区(a),鲁中山地丘陵玉米区(b),鲁西北平原玉米区(c),
鲁南西部平原玉米区(d)重度高温热害年平均变化规律

(2)出现区域的出现天数变化规律

2021—2050 年 RCP4.5 情景下夏玉米重度高温热害出现区域的年平均出现天数在 1.5～15.9 d。其中,2021—2030 年平均出现天数为 8.3 d,2031—2040 年为 5.5 d,2041—2050 年为 8.9 d;2021 年平均出现天数最多,为 15.9 d(图 6-23)。

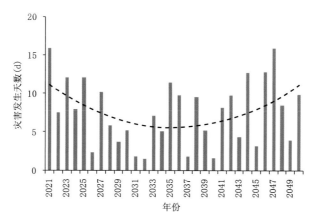

图 6-23　2021—2050 年重度高温热害出现区域年平均出现天数变化规律

2.RCP8.5 情景下全省变化规律

（1）全省变化规律

2021—2050 年 RCP8.5 情景下夏玉米重度高温热害的全省年平均出现天数在 1.5～15.6 d。其中，2021—2030 年平均出现天数为 6.2 d，2031—2040 年为 5.8 d，2041—2050 年为 8.1 d；2050 年平均出现天数最多，为 15.6 d（图 6-24）。

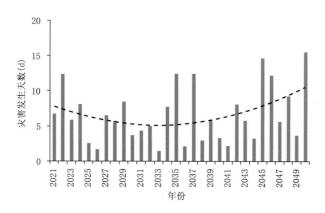

图 6-24　2021—2050 年重度高温热害全省年平均出现天数变化规律

2021—2050 年 RCP8.5 情景下夏玉米重度高温热害各生态区的年平均出现天数逐年变化均呈现两端高、中间低的趋势。半岛玉米区平均出现天数在 0～13.6 d，2045 年出现天数最多为 13.6 d；鲁中山地丘陵玉米区平均出现天数在 0.7～16.2 d，鲁西北平原玉米区在 1.5～16.7 d；鲁南西部平原玉米区在 1.5～16.8 d；鲁中山地丘陵玉米区、鲁西北平原玉米区及鲁南西部平原玉米区重度高温热害均在 2050 年出现天数最多，分别为 16.2 d、16.7 d、16.8 d（图 6-25）。

（2）出现区域的出现天数变化规律

2021—2050 年 RCP8.5 情景下夏玉米重度高温热害出现区域的年平均出现天数在 2.0～15.9 d；2021—2030 年平均出现天数为 6.6 d，2031—2040 年为 6.6 d，2041—2050 年为 8.5 d；2050 年平均出现天数最多，为 15.9 d（图 6-26）。

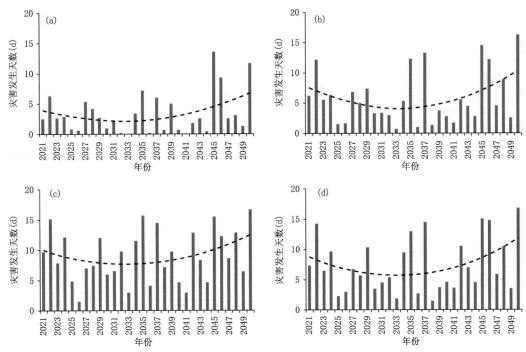

图 6-25　2021—2050 年半岛玉米区(a),鲁中山地丘陵玉米区(b),鲁西北平原玉米区(c),
鲁南西部平原玉米区(d)重度高温热害年平均变化规律

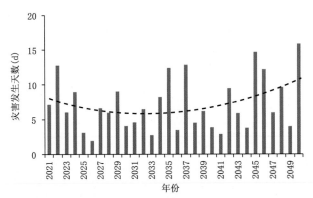

图 6-26　2021—2050 年重度高温热害出现区域年平均出现天数变化规律

(二)空间分布规律

1. RCP4.5 情景下空间分布规律

(1)每 10 年平均空间分布规律

2011—2050 年夏玉米重度高温热害出现 5 d 以上的区域整体呈现扩大趋势。21 世纪第 2 个 10 年全省出现天数均在 5 d 以内(图 6-27,2011—2020 年);20 年代夏玉米高温热害出现 5 d 以上的区域主要在鲁西北、鲁中西部和北部、鲁南西部地区(图 6-27,2021—2030 年);30 年代主要出现在鲁西北中西部、鲁中西部、鲁南西部地区(图 6-27,2031—2040 年);40 年代鲁西北、鲁中、鲁南大部及及半岛西部地区均在 5 d 以上,且鲁西北大部和鲁南西部地区在 16 d 以上(图 6-27,2041—2050 年)。

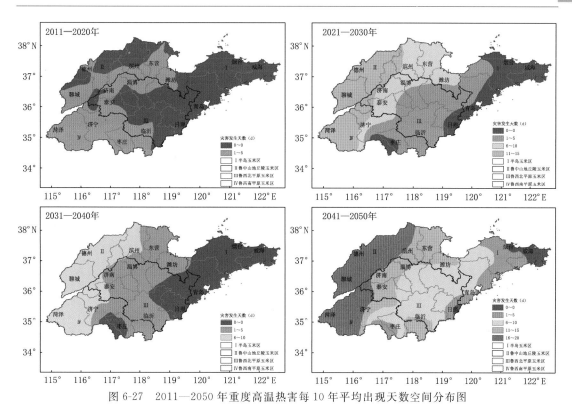

图 6-27　2011—2050 年重度高温热害每 10 年平均出现天数空间分布图

(2)逐年空间分布规律

2021—2050 年夏玉米重度高温热害逐年出现情况如图 6-28 所示。

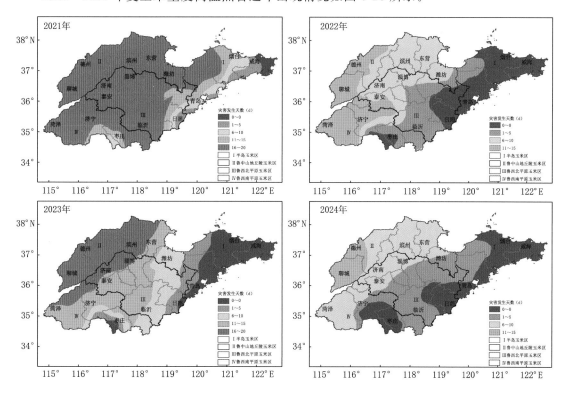

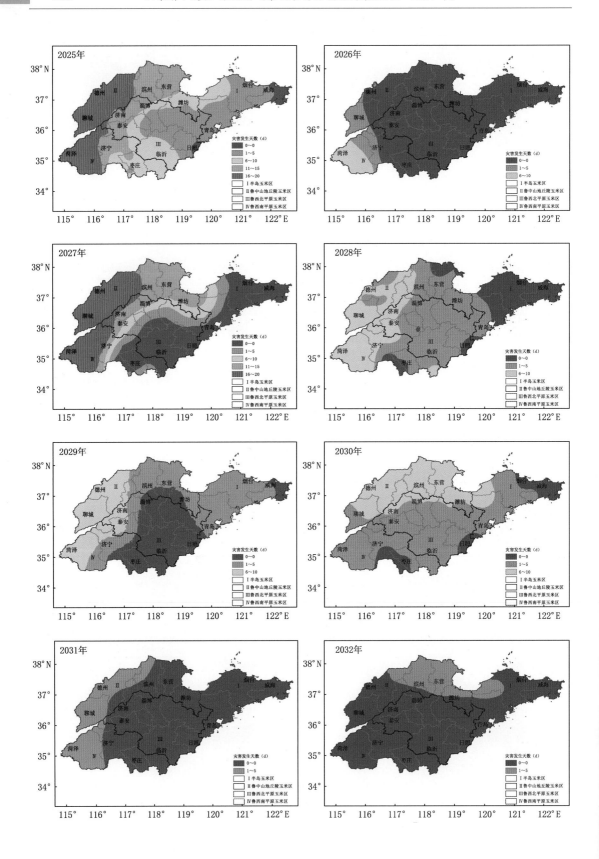

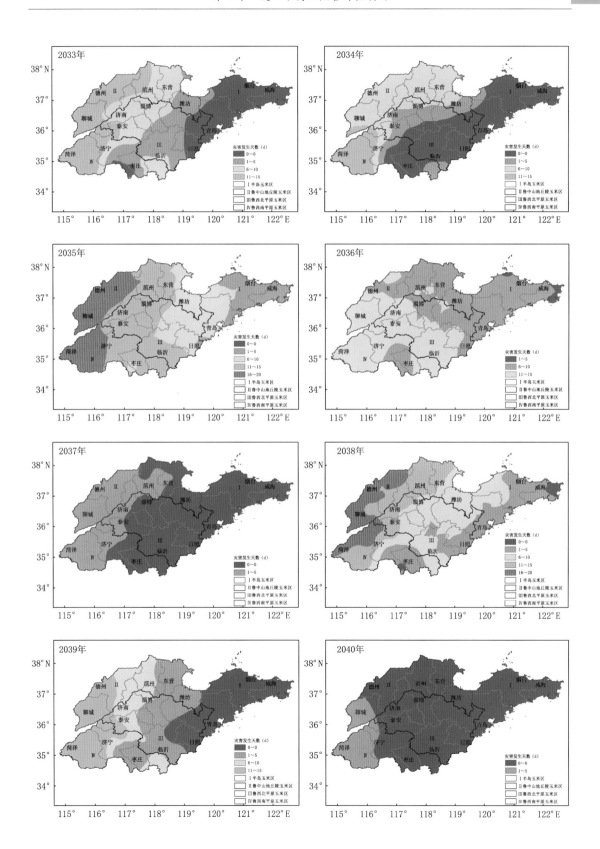

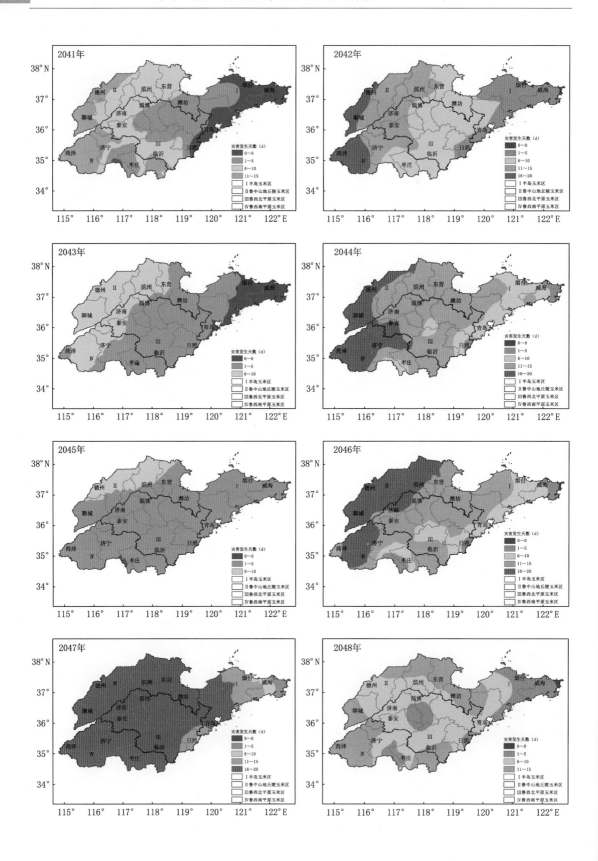

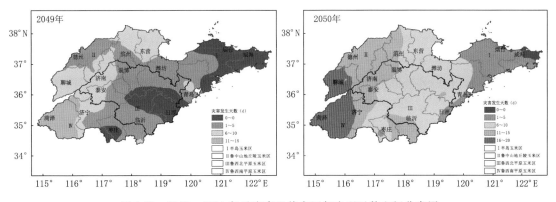

图 6-28　2021—2050 年重度高温热害逐年出现天数空间分布图

2. RCP8.5 情景下空间分布规律

(1)每 10 年平均空间分布规律

RCP8.5 情景下与 RCP4.5 情景基本一致,2011—2050 年夏玉米重度高温热害出现 5 d 以上的区域整体呈现扩大趋势。21 世纪第 2 个 10 年全省出现天数均在 5 d 以内(图 6-29,2011—2020 年);20 年代夏玉米重度高温热害出现 5 d 以上的区域分布在鲁西北中西部、鲁中西部以及鲁南西部部分地区(图 6-29,2021—2030 年);30 年代区域扩大,主要出现在鲁西北、鲁中大部、鲁南西部和南部,以及半岛西北部地区(图 6-29,2031—2040 年);40 年代出现区域进一步扩大,且强度更强,主要出现在鲁西北、鲁中大部、鲁南大部及半岛西部地区,其中,鲁西北大部及鲁中西部出现天数在 16 d 以上(图 6-29,2041—2050 年)。

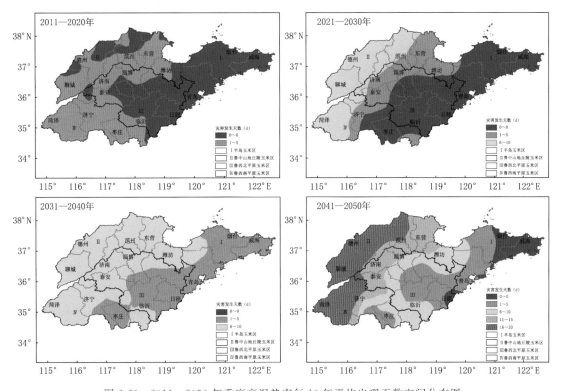

图 6-29　2011—2050 年重度高温热害每 10 年平均出现天数空间分布图

（2）逐年空间分布规律

2021—2050 年夏玉米重度高温热害逐年出现情况如图 6-30 所示。

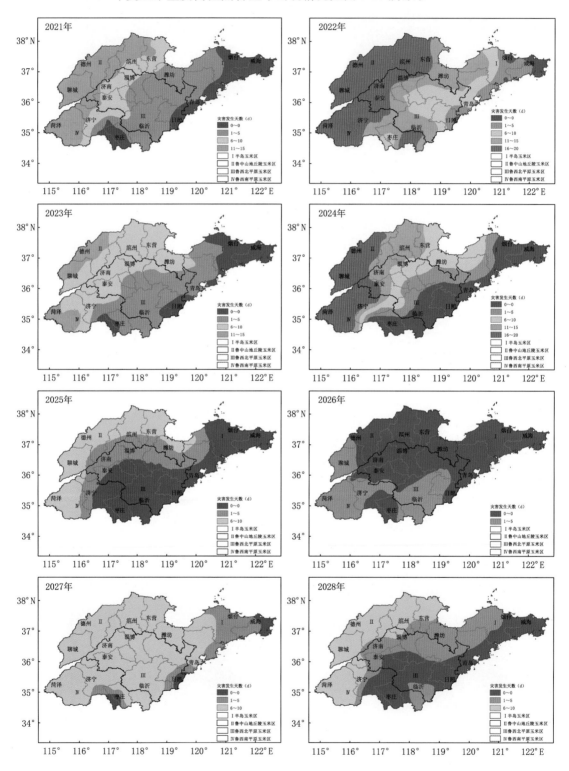

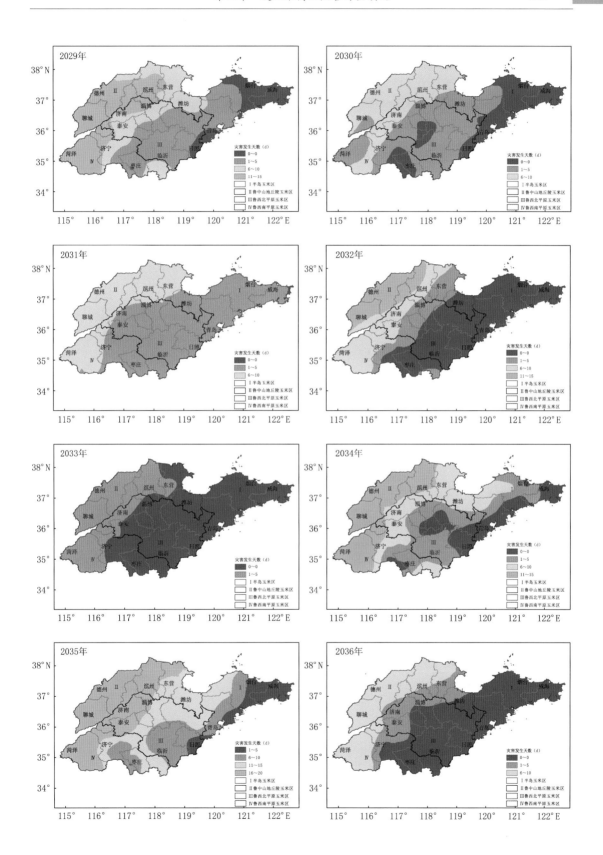

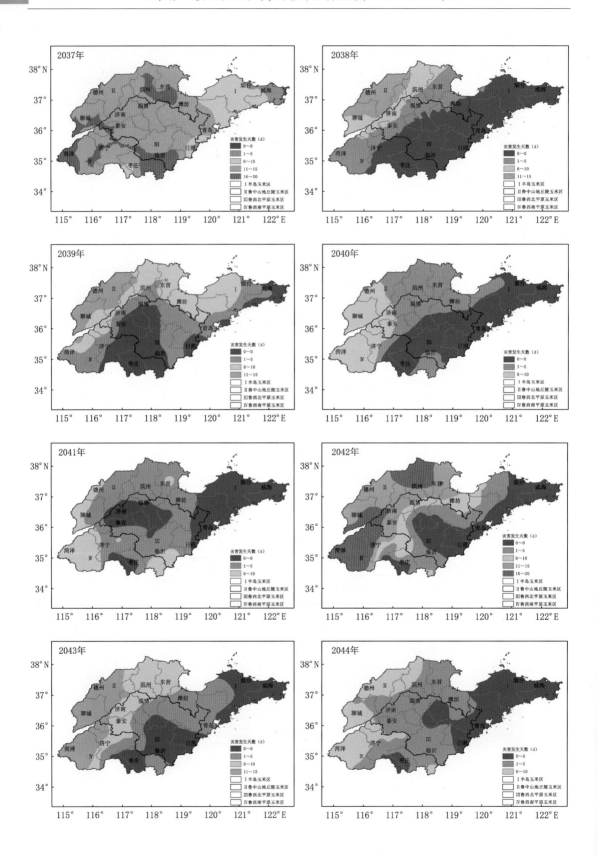

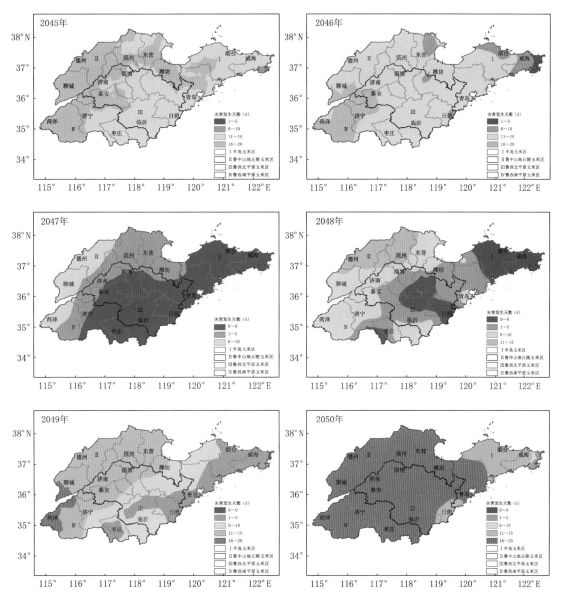

图 6-30 2021—2050 年重度高温热害逐年出现天数空间分布图

参考文献

［1］ Gao X，Shi Y，Song R，et al. Reduction of future monsoon precipitation over China：comparison between a high resolution RCM simulation and the driving GCM［J］. Meteorology Atmospheric Physics，2008，100：73-86.

［2］ Gao X，Shi Y，Zhang D，et al. Uncertainties in monsoon precipitation projections over China：results from two high-resolution RCM simulations［J］. Climate Research，2012，52：213-226.

［3］ Gao X，Wang M，Giorgi F. Climate change over China in the 21st century as simulated by BCC_CSM1. 1-RegCM4. 0［J］. Atmospheric and Oceanic Science Letters，2013，6(5)：381-386.

［4］ Gao X，Shi Y，Giorgi F. Comparison of convective parameterizations in RegCM4 experiments over China with CLM as the land surface model［J］. Atmospheric and Oceanic Science Letters，2016(9)：246-254.

［5］ Gao X，Giorgi F. Use of the RegCM System over East Asia：Review and Perspectives［J］. Engineering，2017(3)：766-772.

［6］ Gao X，Shi Y，Han Z，et al. Performance of RegCM4 over major river basins in China［J］. Advances in Atmospheric Sciences，2017，34：441-455.

［7］ Han Z，Zhou B，Xu Y，et al. Projected changes in haze pollution potential in China：an ensemble of regional climate model simulations［J］. Atmospheric Chemistry and Physics，2017，17：10109-10123.

［8］ Shi Y，Wang G，Gao X. Role of resolution in regional climate change projections over China［J］. Climate Dynamics，2017. doi：10. 1007/s00382-017-4018-x.

［9］ Zhang D，Han Z，Shi Y. Comparison of climate projections between driving CSIRO-Mk3. 6. 0 and downscaling simulation of RegCM4. 4 over China［J］. Advances in Climate Change Research，2017(8)：245-255.

［10］ 韩振宇,高学杰,石英,等. 中国高精度土地覆盖数据在 RegCM4/CLM 模式中的引入及其对区域气候模拟影响的分析［J］. 冰川冻土，2015，37：857-866.

［11］ 韩振宇,王宇星,聂羽. RegCM4 对中国东部区域气候模拟的辐射收支分析［J］. 大气科学学报，2016，39：683-691.